노화는 선택이다

노화는 선택이다

ⓒ 포랑, 2025

초판 1쇄 발행 2025년 6월 11일

지은이   포랑
펴낸이   이기봉
편집   좋은땅 편집팀
펴낸곳   도서출판 좋은땅
주소   서울특별시 마포구 양화로12길 26 지월드빌딩 (서교동 395-7)
전화   02)374-8616~7
팩스   02)374-8614
이메일   gworldbook@naver.com
홈페이지   www.g-world.co.kr

ISBN   979-11-388-4356-0 (03590)

생체 나이를 되돌릴 최강의 6가지 방법

노화는 선택이다

포랑 지음

#노화   #건강   #피부   #동안

좋은땅

• 책 소개 •

이 책은 건강과 노화에 관하여 10년간의 연구와 경험, 시행착오, 그리고 2년간의 집필과정을 거쳐 만들어진 책이다. 나는 의사의 권고나 일반적인 상식에 따라 건강을 위해 포화지방을 피하고 철저한 저염식 생활도 5년간 실천했었던 사람이다. 그런데 어느 순간, 건강 지표는 오히려 더 나빠지고 생활에 활력을 잃게 되는 것에 대해서 강한 의구심을 가지게 되어 본격적으로 연구를 하게 되었다. **내가 일상생활과 식습관을 비롯, 이 책의 내용대로 실천하자 측정 가능한 모든 건강지표, 즉 체중이나 체지방, 혈압, 당화혈색소, 간수치, 중성지방, 콜레스테롤, 신장기능 등 모든 수치는 개선되었다. 뿐만 아니라 수치로 표현하기 힘든 외형상 보기 좋은 정도, 피부 상태, 컨디션, 활력의 정도나 면역력, 그리고 전반적인 기분 상태나 운동능력, 체력은 말할 것도 없다.**

진짜 건강하다면 얼굴에서 광이 난다. 화장이나 일순간 그런 것이 아닌 속에서부터 차오르는 건강함이다. 아마도 이 책을 처음 접하는 대다수의 사람들에게는 일반적인 내용은 아닐 것이고 상식과 달라서 다소 충격적이거나 의구심 드는 내용도 많을 것이다. 하지만 제시하는 근거를 봐주기 바란다. 논문은 직접 필자가 하나하나 모두 읽어보고 검토한 것이며, 통제변인조차 제대로 설정되어있지 않은 수준 낮은 관찰연구 같은 것들은 최대한 배제하였다. 또한 철저한 검증과 신뢰도를 높이기 위해 표본의 숫자, 저널의 임팩트 팩터(IF) 등을 함께 고려하였으며, 최소 설계가 잘 되어있는 이중맹검 실험이거나 코호트 추적조사, 메타 분석연구 논문을 위주로 실었다. 필요에 따라서는 공식 통계청 자료와 비교 분석도 하였다. 그리고 검증되지 않았거나 실전성 없는 내용은 최대한 빼 버렸다.

콩을 심은 곳에 팥이 날 수는 없는 것이다. 남들과 다른 결과를 추구하면서 남들과 똑같은 방식을 취해서는 안 될 것이다. 이 책은 목표를 달성하기 위해 가능한 모든 수단과 방법을 동원한다. 하지만 수도승처럼 고단한 생활을 추구하는 것은 절대 아니다. 건강은 지키되 인생의 즐거움은 최대한 가져갈 수 있는 효율적인 방안을 제시한다. 나는 양심과 일관성을 갖추고 적어도 내가 하지 않는 것들은 남에게 추천하지 않는다. 내가 이렇게까지 글을 쓰는 이유는, 일종의 사명감을 가지고 책을 썼기 때문이며 표현 방식이 다소 투박하고 거칠어도 그것이 내 진심이다. 어쨌든 내 책을 읽는 사람들 모두가 생기 있게 젊고 건강해졌으면 좋겠다. 미리 말하지만 이 책의 내용을 한 번 만에 이해하고 실천하는 것이 쉽지 않을 것이다. 아마 습관에 익숙해지려면 한 달 이상 걸릴지도 모른다. 그럼에도 불구하고 나의 책을 처음 읽는 독자라면, 바로 실전파트를 읽기보다는 가급적 앞 장의 설명을 잘 읽어보고 원리를 잘 이해하여 오차 없이 자신의 여건에 맞게 활용하기를 권장한다. **목표지점을 굳이 빙 둘러갈 필요는 없는 것이다. 그러기에는 인생은 짧고 깨달았을 때는 이미 늦다. 자, 그럼 이제 시작하자.**

● 우리가 속을 수밖에 없는 이유, 그리고 노화의 본질 ●

혹시 이런 경험이 있지는 않는가? **건강과 젊음을 위해 지키고자 노력했던 행동들이 시간이 지나서 진실을 알고 보니 독이었던 적.** 좋은 게 좋은 것이라고 차라리 맛있는 거라도 먹고 스트레스라도 덜 받았으면 괜찮았을 텐데 말이다. 우리가 진실을 제대로 알기 어려운 이유는 무엇일까? **그것은 옳은 정보와 틀린 정보를 교묘하게, 그리고 적절히 잘 섞어놓기 때문이다.** 현대인들을 기준으로 '운동을 꾸준히 하고, 포화지방 섭취를 줄이고, 음식을 짜게 먹지 마세요'라는 누구나 할 법한 조언 속에도 사실 이 중 맞는 말은 하나밖에 없다.

이 책은 그동안 잘못 알려졌던 건강상식에 대해 바로 잡고 더 젊어지는 방법에 대한 해결책을 찾고자 한다. 우리들에게 주어진 시간과 돈은 결코 무한하지 않기에, 개연성이 있는 과학적인 근거, 높은 효율성, 현실적 가격대가 충족되는 접점에서 실질적인 해결책을 찾고자 한다. **참고로 책 내용은 최대한 이해하기 쉽게 풀어썼지만 전문적인 논문 근거와 심화내용은 각주로 편집하였으므로, 좀 더 궁금한 점이 있다면 미주를 적극 참조하길 바란다.**

우리가 추구하는 목표는 노화 예방, 더 나아가서는 다시 젊어지는 것이다. 그런데 노화라는 것은 한가지 작용만으로 일어나는 것은 아니다. 나는 노화를 크게 3가지로 분류한다.

첫번째, 세포분열에 따른 노화

두번째, 자외선 및 환경오염에 의한 노화

세번째, 중력에 의한 노화

첫 번째의 경우 세포가 일정 수 이상 분열한 뒤에는 텔로미어라는 유전자의 꼬리가 짧아지고 더 이상 분열하지 못하고 죽게 되는 생명의 자연스러운 노화 과정이다. 두 번째의 경우는 주로 환경적 문제로 야기되며 대표적인 햇빛에 의한 광노화, 미세먼지 등으로 인한 문제이다. 세 번째의 경우 인간이 지구를 떠나지 않는 이상 절대 피할 수 없는 중력에 의한 노화 현상으로, 주름과 얼굴의 살 처짐 등의 문제이다. 이 책은 3가지 노화현상 모두에 대해서 최신기술과 과학적인 방법, 그리고 현실적인 모든 수단 방법을 동원하여 그 해결책을 찾고자 한다.

본격적으로 들어가기에 앞서, 이 책은 정보의 제공에 그 목적이 있으며 특정 질병이나 질환에 대한 진단이나 치료를 대체할 수 없다. 그리고 학술, 통계, 논문 등을 토대로 최대한 객관적이고 과학적인 근거에 기해 정보를 소개하였으나, 개인의 체감과 경험 같은 지극히 주관적인 부분이 존재하고, 또한 개인별 건강상태나 개별적 질병 여부는 모두가 동일하지 않기 때문에 누구에게나 일률적으로 적용될 수 있는 지식이나 방법은 존재할 수 없다는 점을 이해하고 있어야 한다. 따라서 이러한 점을 간과하여 발생할 수 있는 모든 의학적 판단이나 책임은 스스로에게 있으며, 개인의 질병 치료나 진단, 상담 및 의료적인 소견은 반드시 전문의와의 상담이 필요하다는 점을 숙지해야 한다.

● 목차 ●

01 들어가기에 앞서

02 먹어서 지키는 건강

03 안 먹어서 지키는 건강

06 숨쉬는 건강

07 외형적 건강

08 에필로그

01

· · · · · · · · · · ·

들어가기에
앞서

하고 싶은 말

스스로의 신체를 잘 가꾸는 것은 부모님에 대한 큰 효도이다. 먼저 나는 **우리 몸을 자동차에 비유하고 싶다.** 물론 인체는 자동차보다 훨씬 복잡 정교하며, 시동을 끌 수도 없고 고장 난 부품을 자유롭게 교체할 수도 없다. 여러분은 저마다 각기 다른 유전자를 가지고 태어났다. 일부는 좋은 차에 해당하는, 소위 말해 축복받은 유전자를 타고 난 사람도 있다. 하지만 기본적인 구조는 별반 다르지 않으며 차를 얼마나 잘 관리하느냐는 별개의 문제이다. **같은 연식과 킬로수라도 그 차가 얼마나 잘 관리되고 있는가는 주행습관과 관리상태에 따라 천차만별로 차이가 날 수 있기 때문이다.** 차량을 제대로 관리한다면 고품질의 연료, 그리고 엔진의 누유나 마모방지를 위해 엔진첨가제를 넣어줄 것이다. 엔진오일을 순환시켜 내부가 녹슬지 않도록 시동과 주행을 주기적으로 해주고, 처음 시동을 켜고 RPM이 안정화되기 전까지는 무리하게 가속을 하지 않는다. 계절에 맞게 타이어 공기압을 관리하고 사고방지를 위해 브레이크 오일과 패드를 점검한다. 차 외관에는 흠집이나 기스가 나지 않도록 관리하고 세차를 해준다.

그런데 인체의 메커니즘은 이것과 비교도 안 되게 복잡해서 오히려 잘못된 정보로 혼동을 얻는 경우가 많다. 또한 잘못된 정보와 판단력의 부재로 지금껏 건강을 위해서 한 노력들이 오히려 건강을 해치고 있는 경우도 숱하다. 대표적으로 무분별한 저염식은 몸에 해롭다(이 부분은 나중에 구체적으로 다룬다.). 심지어 지금껏 상식이라고 알려진 것들이, 혹은 권위자에 의해 옳다고 알려진 것들이 알고보니 틀린 정보였다는 것이 밝혀지기도 한다. **이 책은 기름진 음식을 줄이고 가급적 짜게 먹지 말라는 그런 틀에 박힌 말이나 하려고 쓴 것이 아니다. 그럴 거였으면 이 책은 쓰여지지도 않았다.**

수비와 공격

　본격적으로 우리가 젊어지거나 노화를 예방하기에 앞서서, 우리는 노화에 대해 수비와 공격의 개념에 대해서 알아야 한다. 축구에도 수비수와 공격수가 따로 있듯이, 젊고 건강하게, 그리고 오래살려면 우리도 마찬가지로 그러한 전략 수립이 필요하다.

　수비전략으로는

- 암을 예방해야 한다.
- 심뇌혈관을 보호해야 한다.
- 당뇨를 조심해야 한다.
- 치매에 걸리지 말아야 한다.

　공격전략으로는

- 완벽한 영양섭취로 세포재생을 원활하게 해야 한다.
- 단식으로 노화속도를 느리게 만들어야 한다.

- 운동으로 체형을 보기 좋게 가꾸고 혈당관리와 정신건강을 유지해야 한다.
- 중력으로 처진 주름을 외과적으로 다시 재건해야 한다.

  그리고 이 책은 단순 수비전략과 공격전략을 넘어 실전적이고 과학적인 모든 전략에 대해서 다룰 것이기 때문에 어느 정도의 이론배경과 원리에 대해서 설명하였으나, 빠르게 결론만 알고 싶은 독자들은 미주를 생략해도 무방하다.

지금은 당신이 젊다고 해도 보아라

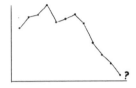

이 책을 쓰는 와중에 뉴스를 읽게 되었다. 대한민국의 23년 4분기 신생아 출생율은 0.6명대로 곤두박질쳤다는 것이다.[1] 어떤 이유가 됐건 간에 결혼해서 자녀를 갖는 것이 부담 정도가 아니라 미친 짓이라는 뜻이다. 그런데 언제가 될지는 모르지만, 이 수치가 회복되고 좋은 시기가 올 것이라고 생각한다. 하지만 정작 그 시기가 다가왔을 때 젊고 생기 넘치던 당신의 모습은 사라져 있고 자녀를 원해도 가임능력이 없거나 상당히 떨어지는 상태가 되어 있을지도 모른다. **그런데 희망적이게도 그러한 신체의 젊음은 절대적인 나이가 아닌 몸의 생체나이가 결정한다.**[2] 여러분이 그동안에 유전자를 잘 보존해놓았다면, 절망하는 일은 없을 것이다. 단세포 생물의 경우 혹독한 시기가 오면 세포 분열을 멈추고 훗날을 위해 자신의 유전자를 정비하는 상태로 진입한다.

비록 우리가 단세포 생물은 아니지만, 사회 현상을 하나의 유기체로 보고 저 수치를 현실에 대입해보면, 지금은 젊은이 대다수에게 혹독한 시기일 것이다. 따라서 언젠가 다가올 좋은 시기에 선택할 수 없는 상황에 놓여 후회하지 않으려면 우리는 최대한 젊음을 유지해놓아야 할 것이다.

마음가짐

    본격적으로 시작하기에 앞서 이 책의 내용을 실천하는 것에 대해 쉽다고 말하고 싶은 생각은 전혀 없다. 어쩌면 시험을 준비하는 일처럼 기간을 정해놓고 특정기간에만 열심히 하는것이 아닌 계속해서 관리해 나가야 하는 방식이기 때문에 꾸준함이 부족하다면 더 힘들 수도 있다. 그런데 이 과정에서 여러분의 컨디션이 좋아지고, 혈색이 좋아지면서 주변 사람들이 하나둘씩 요새 건강해 보인다거나 젊어 보인다는 말을 들으면 성취감을 얻게 된다. 그리고 이러한 행동 양식들은 습관이 되기 시작하고 어느 순간부터는 별로 힘들이지 않으면서도 스스로 개선해나가는 자신의 모습을 발견하게 될 것이다. 우리의 신체나이가 젊어지면 외형적인 변화뿐만 아니라 심적으로도, 정신적으로도 많은 변화가 생긴다. 호르몬 레벨이 올라가면서 우울감에서도 멀어지고 기억력도 개선될 것이다. **그림과 같이 돈, 명예, 권력 모두 다 중요하지만 건강 하나가 무너진다면 결국엔 말짱 꽝이다.**

    세상에는 큰 법칙이 있다. 바로 No pain, No gain(고통 없이는 얻는 것도 없다.)이다. 몸은 거짓말을 하지 않는다. 그리고 건강은 결국 본인 스스로가 챙겨야 한다. 아무리 억만장자나 빌게이츠급 자산가라고 한들 유체이탈을 하여 운동을 누가 대신해줄 수도 없고 결국 스스로 움직여 땀흘릴 수밖에 없기 때문이다. 이렇게 거창하게 얘기한다면 고된 수행이라고 느끼겠지만 그런것은 아니니 오해하지는 말라. 직장이나 사업을 하는 현대인들이 현실적으로 여기 소개될 방법들을 항상 100%로 수행할 수는 없기 때문이다. 평상시에 열심히 하는데 특별한 날 회식을 하거나, **여행을 가거나 바쁜 스케줄이 있다면 과감하게 타협을 해라.** 나도 가끔 술을 마시고 통닭도 먹고 시원한 콜라 한 캔을 마실 때가 있다.(그러나 가급적이면 첨가물이 적은 술, 구운 치킨, 코크제로를 마신다) 이미 80%만 수행해도 여러분은 몰라보게 달라질 것이고 그 변화를 주변에서 먼저 알아차릴 것이다.

참고로 이곳에 소개하는 방법이나 제품은 필자가 현재 사용하거나, 사용할 예정이거나, 사용했었거나 한 것들로, 모두 어떠한 관계나 지원 없이 스스로 구매한 것들이고, 이 책의 목적은 지식과 경험에 기반한 학술적 정보의 전달에 있을 뿐, 특정 회사나 제품의 판매 촉진 따위가 아니기 때문에, 같은 가격으로 더 용량이 많거나 신뢰도가 높은 제품이 있거나 혹은 시간이 지나서 그러한 제품이 출시된다면 언제든지 그 제품으로 갈아타면 될 것이다.

콩 심은 데 콩 나고 팥 심은 데 팥 난다

'콩 심은 데 콩 나고 팥 심은 데 팥 난다'라는 말이 있다. 이것은 **남들과 똑같은 방식을 행하면서 남들과 다른 결과를 바라는 것은 어불성설이라는 말과도 같다.** 일반적으로 사람들은 자신의 실제 나이에 맞는 평균 외모를 하고 있다. 그런데 일부는 실제 나이에 비해 더 젊어 보이거나 더 늙어 보이는 사람들도 있다. **그것은 절대적 나이와 생체 나이는 일치하지 않기 때문에 발생하는 일이다.** 비록 얼굴의 골격 자체가 노안의 조건을 갖춘 사람들도 있지만 대체로 실제 그 사람의 건강상태는 실제 나이보다 생체 나이에 훨씬 비례한다. 가령 실제 나이는 40대 중반이지만, 30대 초반으로 보인다면 그 사람의 실제 건강상태나 신체 나이는 30대 초반에 가깝다. 절대적 나이는 말 그대로 물리학적 원칙에 따라 우리가 어떻게 조작할 수 있는 것이 아니므로 우리는 생체 나이를 젊게 만드는 것에 비중을 두어야 한다.

기본 항노화의 원리

　세포재생 차원에서 기본 **항노화의 원리는 재생을 촉진하는 시그널(신호)과 재료의 공급이다.**[3] 그런데 나이가 들수록 재생능력은 점점 떨어진다. 게다가 이런 상황에서 영양공급이 원활하지 않거나 불균형하다면 노화는 더더욱 가속화될 수밖에 없다. 이 원리는 항노화뿐만 아니라 대부분의 신체대사에 적용된다. 예를 들면 근육을 키우려고 근력운동을 하면 세포는 손상된다. 그리고 손상된 세포는 단백질로 치유되면서 초과 재생에 따라 근육은 더 커지게 된다. 운동을 근육생성의 자극 신호로 본다면 단백질은 원료의 공급이다. 이 두 가지가 적절하게 이루어지면 근육은 초과생성의 원리에 따라 전보다 더 커지고 더 강력해지게 된다. 물론 설명을 위해 단순하게 표현하였지만 실제 이 과정에는 호르몬과 건강상태도 개입되기 때문에 실제 근육생성량은 나이, 성별, 그리고 유전적인 차이로 인해 회복속도와 근합성량은 개인마다 차이가 있다. 피부 치료의 경우도 마찬가지이다. 레이저나 초음파로 자극(신호)을 주면 손상된 부위의 재생을 촉진한다. 그런데 재생력이 떨어진 상태에서 과한 자극을 지속적으로 주게 되면 오히려 역효과가 날 수 있다.[4]

그래서 **기본적으로 원활한 영양 공급 상태를 유지해주어 재생력을 키운 상태에서 적절한 자극이 필요하다.** 항노화 전략에 있어서, '먹어서 지키는 건강'이 공급이라면 단식과 운동, 피부과 레이저 시술 등은 신호를 주는 전략이다. 그리고 유해한 자외선의 차단과 미세먼지를 피하는 것은 이러한 과정이 원활하게 일어나는 데에 있어 방해를 차단하는 전략이다. **이 책은 모든 것들을 다룬다.**

올바른 정보를 얻기 힘든 이유

상식을 깨는 일은 몹시 힘들다. 나이대가 어느 정도 있는 사람들은 생물시간에 '혀의 맛 지도[5]'를 배운 적이 있을 것이다. 놀랍게도 얼마 전까지는 존재하였는데 지금은 폐기처분되어 사라진 이론이다. 내용인 즉슨 단맛, 짠맛, 신맛, 쓴맛(매운맛은 통각일 뿐, 사실 맛이 아니다)이 혀의 위치에 따라서 특정 맛을 감지한다는 주장인데, 예를 들어 단맛은 혀끝에서, 신맛은 혀 양 옆에서 느낀다는 것이다. 그런데 이 주장은 전자현미경이 개발되고 나서 혀의 미각세포인 미뢰(Taste bud)가 '직접' 관찰되면서 혀의 부위별로 특정 맛을 감지하는 것은 사실이 아닌 것으로 밝혀지게 되었다. 왜냐하면 미뢰 자체가 단맛, 짠맛, 신맛, 쓴맛을 모두 느낄 수 있기 때문이다. 그러니까 특정 맛에 대해서만 맛을 느끼는 미뢰는 존재하지 않으며, 결국 혀 위치별로 특정 맛을 느낀다는 혀의 맛 지도설은 사라지게 된 것이다.[6]

자, 그런데 이 간단한 상식을 깨는 데에만 100년이 넘는 비정상적인 시간이 걸리게 된 것을 알고 있는가? 심지어 그 내용이 100년이 넘는 동안 정설이라고 일컬어져서 우리나라의 경우 교과서에도 실릴 동안에(물론 일부 소수의 학자들은 의문을 제기하기도 하였다.) 처음 그 이론을 주장한 학자가 워낙 권위 있고 저명하다보니 이 간단한 내용조차도 좀처럼 쉽게 깨지지 않은 것이다. 그리고 이러한 수준의 **잘못된 상식들은 지금도 비일비재하다.** 더욱 무서운 점은 위 사례와는 다르게 건강에 직결되는 잘못된 상식도 판친다는 것이다. 가령 1950년대에 포화지방이 심혈관 질환을 유발한다라고 주장한 미국의 저명한 병리학자, **앤설 키스(Ancel keys)의 포화지방 이론**[7] 때문에 아직도 포화지방은 나쁜 것이라고 그렇게 믿고 있는 사람들이 대부분이다. 다행히 이제는 일부 의사들도 명확한 근거를 들면서 포화지방 이론은 잘못된 것이라고 하여 사라져야 할 이론이라고 서서히 알려지고 있다. 이처럼 올바른 정보를 얻기 힘든 이유는 **옳은 정보와 틀린 정보를 교묘하게 섞기 때문이다.** 우리가 흔하게 듣는 '건강을 유지하려면 포화지방 섭취를 줄이고, 음식을 짜게 먹지 말고, 운동을 꾸준히 하라'는 주장에서도 사실 맞는 말은 하나밖에 없다. 비록 인간이 하는 일이라 실수는 있다지만 이건 좀 심하다는 생각이 든다. 결국 지금은 무엇이 옳은지 판단력이 중요한 시대이다. 그리고 그 판단을 하는 것은 결국 스스로가 될 수밖에 없다. 그 사람이 저명하다 할지라도, 그러한 이유만으로 절대적으로 옳다고 신뢰하는 것은 금물이다.

핵심 전략

핵심은 원활하게 혈액순환이 되도록 혈액 상태를 잘 관리하는 것이다. 그러기 위해서는 첫째, 지방산 비율을 잘 맞추어 염증반응을 낮춰야 한다. **현대인들 대부분은 오메가3와 오메가6 지방산 균형이 깨져 있다.**[8] 이 비율이 깨지면 작게는 두드러기나 알레르기부터 여드름이 잘 생기게 되고, 계속 방치한다면 만성 염증으로 발전하여 혈전이 잘 생기게 되므로 심근경색 가능성도 올라간다. 따라서 오메가6 섭취를 줄이고 오메가3 섭취를 늘리는 전략을 짜야 한다. 오메가3대 오메가6 지방산의 최적의 비율은 1:2~1:4이다.

둘째, 혈당을 잘 관리해야 한다. **공복혈당수치보다 더 눈여겨봐야 할 것은 당화혈색소이다.** 당화혈색소는 높아진 평균 혈당 때문에, 쉽게 말해 적혈구가 설탕장아찌가 되어서 제 기능을 못하는 적혈구의 비율을 나타내는 것이라고 보면 된다. 이 수치는 최소 3~6개월간의 평균치가 반영되므로 하루 동안 열심히 했다고 큰 변화가 생기지 않는다. 당화혈색소 최상의 수치는 5% 미만이다.[9]

셋째, **부족한 비타민과 미네랄을 섭취해야 한다.** 가뜩이나 비료 사용으로 인해 자연식품 속 미량미네랄 양은 과거 대비 3분의 1토막[10]이 되었는데, 술, 스트레스, 고탄수화물 식이는 더더욱 미네랄 소모를 **빠르게** 증가시킨다. 특히나 고탄수화물의 식사나 과도한 당분 섭취는 인슐린 소모량을 급증시키는데, 아연은 인슐린을 만드는 재료로, 만약 아연이 부족하면 우리 몸은 인슐린 생산에 차질이 생기게 된다. 그래서 당뇨인을 포함한 현대인들은 아연의 충분한 섭취가 매우 중요한 것이다.

그리고 위 조건들이 잘 갖춰졌다면, 특별한 경우가 아닌 이상 이미 여러분들의 평균 혈압은 정상수치를 가리키고 있을 가능성이 높다. 혈액에 중성지방 수치가 낮아져서 기름지지 않으면서, 당도가 낮아서 끈적끈적하지 않다면, 피가 잘 돌기 때문에 굳이 심장에서 힘을 짜내서 혈압을 높일 필요가 없기 때문이다. 여기에 글루티치온과 각종 항산화제를 추가하여 면역을 증가시키고, 운동으로 근육을 키워 몸을 보기 좋게 만들고, 외형적시술인 점 제거, 여드름흉터 제거, 보톡스, 슈링크와 같은 리프팅시술을 실시하면 **안 젊어 보이는 게 오히려 이상할 것이다.** 이 책의 방법을 참고하여 많은 이익을 얻길 바란다.

유전자 분석

최근 유전자 공학 기술의 발전에 따라 개인의 유전자분석을 제공하는 업체들이 늘어나고 있다. 과거에는 분석할 수 있는 항목의 수도 적었으며, 정밀 검사를 할 경우 그 비용이 수천만 원 혹은 그 이상에 달해 일반적인 사람들은 특별한 경우가 아니면 엄두를 낼 수 없는 검사였다.[11] 업체의 특화된 기술과 검사 목적에 따라 테마는 조금씩 다르지만, 자신의 인종적 비율이 얼마나 섞여 있는지를 알아내는 검사, 혹은 타고난 집안 내력에 따라 어떤 질병에 취약한지 유전자형을 알아내는 방식으로 분류된다. 일단 이 책은 노화와 건강에 대한 주제이므로 이 유형의 목적에 맞는 상용 검사를 주로 다룬다. 현재까지 일반인 기준에서 가장 항목 수도 많고 높은 신뢰도를 자랑하는 업체는 'Circle DNA' 사의 유전자 검사이다. 사소하게는 여러분의 피부 보습능력이 좋은지, 여드름이 잘 생기는 편인지, 성격이 외향적인 편인지, 스트레스에 대한 저항성이 큰 편인지부터, 체형적으로 비만 가능성이 높은지, 나이가 들어 치매 유발 가능성이 큰 유전자를 보유하고 있는지, 특정 암에 잘 걸릴 수 있는지까지 상당히 신뢰도 높은 개인 맞춤형 검사 정보를 제공한다.

그런데 최근 보건복지부에서 이 회사의 유전자 분석은 국내법 기준을 위반하였다고 하여 정식 허가를 철회하였다.[12] 국제 인증 기준은 충족하지만 국내법에 허용된 100가지 항목을 넘어 500가지 이상의 항목에 대한 정보를 제공하였기 때문이다. 그래서 더 이상 네이버(NAVER)와 같은 국내 포털사이트에서 홈페이지가 검색이 제공되지 않는다. 생명윤리 및 국내법상의 이유라고 하나, 국민의 알 권리를 무시하는 다소 아쉬운 판단이라고 생각된다. 보건복지부의 해명에 따르면 매 분기별로 이 부분을 검토하여 항목 가지 수를 150~160가지로 확대할 예정이라고 하는데, 한편으로는 이러한 방침을 유지코자 하는 이유가 유전자 생명 공학 기술의 특성상 사업의 진입 장벽이 세계 최고로 높은 수준이다 보니 국가적 차원에서 국내회사들의 육성을 위해 마련한 안전장치가 아닐까 하는 생각도 든다. 어찌 됐건 자신의 유전자 타입을 알고, 특정 영양소가 자주 부족한 유전 형태인지, 본인의 가족력에 따른 특정 질병이나 특정 암에 대한 위험이 있는 것을 미리 알게 된다면 이것이 건강한 삶의 보조 지표로서 얼마나 큰 가치가 있는 정보인가를 다시 생각해보게 될 것이다.

기본적인 준비사항(혈압, 혈당측정기)

   본격적으로 건강관리를 하기에 앞서 나의 전반적인 건강 상태와 객관적인 지표를 확인하는 일은 매우 중요하다. 여러분들이 매일 아침 체중을 측정하는 일도 객관적인 지표를 확인하는 일 중에 하나이다. 그런데 체중은 일반적인 우리의 일반적 생각과는 달리 매일매일 잴 필요는 없는 수치이다. 왜냐하면 음식물의 섭취여부나 체수분량에 따라서 매일 1~2kg 정도는 왔다 갔다 할 수 있지만 근육량의 증가나 체지방의 감소로 인해 하루 단위에서는 크게 바뀌지도 않기 때문이다.

   그런데 하루 중에도 차이가 많기 때문에 평균치를 확인하는 일이 중요한 것들도 있다. **대표적으로 혈압, 혈당, 중성지방 같은 것들이다.** 이러한 수치들은 당일 먹은 음식, 운동 여부, 단식 여부에 따라서 하루만에도 좋아지고 나빠질 수 있다. 따라서 이러한 수치들은 따로 모니터링해서 평소대로 생활했을 때 나의 평균치를 잘 알고 있는 것이 중요하다. **반면에 당화혈색소, HDL이나 LDL콜레스테롤 수치는 매우 중요한 수치이기는 하나, 최소 한 달 이상은 경과해야 유의미한 변화치가 나온다.** 따라서 3달에 한 번씩만 병원에서 확인해도 무방한 수치라 할 수 있다. 물론 반대로 생각한다면, 그만큼 개선하기 어려운 수치라는 뜻이기도 하다.

따라서 **기본적으로 갖추어야 할 것은 혈압계와 혈당계이고, 체중계와 콜레스테롤 및 중성지방 측정기는 선택사항**이라 볼 수 있다. 나의 경우 외출하는 경우가 잦아 정밀성과 휴대성을 중요시하기 때문에 혈압계는 오므론사의 HEM-6232T를 사용하고 있고, 혈당계는 닥터다이어리 케어 블루투스 제품을 사용하고 있다. 병원 정밀건강검진과 비교해보아도 오차범위가 크지 않다. 그리고 혈당의 경우, 지금은 시대가 좋아져서 한번 팔에 부착시키면 약 2주가량 5분 단위로 혈당을 측정해주는 **연속혈당측정기**가 새로운 개념으로 등장하였다. 본인도 국내 제품인 '케어센스 에어'라는 제품의 연속혈당측정기를 사용해보았는데, 아무래도 기존의 혈당계보다 측정 오차가 있어서 정확도는 다소 떨어지지만, 장소와 상황에 구애를 받지 않는 데다가 기본적인 혈당의 흐름, 나의 상태에 따른 변화 그래프를 한눈에 알 수 있어서 당뇨인들에게 매우 유용하다고 생각했다. 하지만 아직까지는 비싼 비용, 착용감, 정확도 등 개선해야 할 부분이 있고, 다만 이는 앞으로 점차 개선될 것으로 보인다. 체중은 헬스장에서 수시로 재보기에 체중계를 따로 구매하지 않았으며 중성지방과 콜레스테롤 수치는 이 둘을 동시에 측정해주는 리피도케어 스탠다드 제품을 사용하고 있다. 이 부분은 본인의 현재 여건에 맞게 고려하면 된다.

어쨌거나 다시 한번 강조컨대, 이러한 **기본적인 사항인 체중과 체지방, 평균혈당, 중성지방, 혈압, 간수치를 정상으로 유지하는 일이 가장 1차적인 목표가 되어야 한다.** 비록 위 지표들이 나쁘다고 해서 곧장 질병으로 이어지지는 않을 수 있다. 그런데 전반적으로 이러한 지표들이 나쁘다는 것은, 비유컨대 팔씨름에서 이미 손목이 꺾인 채 시작하는 것과 비슷한 상황이라고 봐야 할 것이다. 따라서 **이 기본적 지표들을 정상 수준으로 유지하지 못하면서 한 술 더 나아가 노화를 막는다는 것은 이론상 매우 어렵다.** 그러므로 이 책은 기초의학과 기본적인 건강을 지키는 부분에 대해 특히 많은 중점을 두고 전체적인 건강 개선 방안에 대해 기술한다.

너무나 흔한 혈압측정 오진 사례

최근 혈압계는 병원에서뿐만 아니라 지하철, 은행 등에도 설치되어 있어 누구나 쉽게 이용할 수 있다. 그런데 혈압측정 오진 사례가 너무나 많아서 이 챕터에서 따로 빼서 쓴다. 사실 혈압은 운동을 하거나 시간, 기분에 따라서도 하루 중에도 수시로 변하기 때문에 정확한 평균치를 아는 것은 어렵고, 따라서 오차범위는 당연히 존재할 수밖에 없다. 그런데 문제는 기기의 오랜 사용으로 인한 노후화, 혹은 정밀성 문제로 어느 정도 오차가 발생할 수 있지만 그 점을 고려해도 이건 해도해도 너무 심하다는 것이다.[13] 실제로 본인의 경우 건강검진에서 병원에 설치된 기기로 측정해본 결과 수축기 168 이완기 105이라는 중증고혈압 환자의 수치가 나왔다. 평소 나는 앞서 언급했던 오므론사의 혈압계로 수도 없이 혈압을 측정하여 수축기 110~124, 이완기 70~80정도의 수치가 나온다는 것을 잘알고 있는 상태였다. 그래서 수동으로 측정하되, 혈압표시는 디지털로표시되는 병원의 다른 수동측정기로 재측정 해보니 118/80이라는 정상판정의 수치가 나왔다.

자, 상식적으로 혈압측정기의 오차범위가 50이라는것은 측정기로서의

의미가 없는 쓰레기라고 볼 수 있다. 그런데 이 수치가 검진표에 1차 측정으로 기록된다. 물론 한두 번 겪는 일도 아니지만 개인적인 사례를 넘어 전 국민적 규모로 볼 때, 이미 혈압 관련 오진은 만연하다고 본다. 그래서 이를 인지하고 감안하여 2차, 3차 측정을 하는 것이라고 본다. 그런데 과거에 고혈압 진단을 받았던 사람이 부정확한 기계로 측정하여 잘못된 수치가 나온다면 별 다른 의심없이 계속해서 혈압약을 처방받아 복용하는 일이 발생할 수 있다.[14] 그런데도 혈압측정기기로 인한 오진은 이상하리만치 좀처럼 언급도 잘 안 되고 정말 개선이 되지 않는 부분이다. 따라서 **신뢰도 높은 개인 혈압계를 구비하여 평소 자신의 혈압수치를 잘 숙지해놓도록 하자.**

한의학

나는 개인적으로 한의학을 별로 신뢰하지 않는다. 주변에서 한약을 먹고 오히려 간이 나빠졌거나 건강에 이상이 생겼다는 소리를 자주 듣는다. 어떤 병원에서는 간수치가 높으면 한약을 먹고 있느냐는 말까지 심심찮게 들린다. 나는 기본적으로 한의학은 너무 주관적이고 추상적인 데다가 과학적이지 않고 정형화되기 힘든 치료 방법이라고 생각한다.

이는 애초의 학문적 접근 방식 때문이라고 보는데, 가령 최신 서양의학들은 개선의 개선의 개선을 지향한다. 그래서 기존의 정론이라 일컬어지는 사실도 시간이 지나 수정된다. 물론 이쪽도 권위 따위를 지나치게 의식하다보니 수정하는 데 있어 시간이 오래 걸리기도 한다. 대표적인 사건으로 혀의 위치에 따라서 단맛이나 신맛, 쓴맛, 짠맛 등의 인지부분이 다르다고 하는 '혀 맛 지도설'은, 폐기되는 데에만 100년이 넘게 걸렸다. 전자현미경의 개발되고 확인해보니 사실 혀의 모든 부분에 미뢰가 있음이 알려져서 틀린 이론으로 밝혀졌기 때문이다. 이처럼 개선을 추구해도 오류 수정에는 한참 시간이 많이 걸린다.

그런데 내가 그동안 본 한의학은 과거로 회귀하려는 기질이 많은 느낌이었다. 동의보감과 같은 고서들을 교과서 삼아 과거의 체질과 사상의학을 공부하니, 그래서 오류가 많다고 본다. 아니 많을 수 밖에 없는 구조라 생각한다. 심지어 어떤 근거인지는 모르겠으나, 남성형 탈모는 두피에 열이 많아서 생긴다고 주장하기도 하였다.[15] 추후 언급할 탈모 샴푸에 대해서도 마찬가지인데, 남성형 탈모는 호르몬과 유전자의 문제이지, 나는 그것에 대해 과학적 근거가 없다고 생각한다. 여기서 한 가지 생각해볼 점은, **처음 허준과 이제마가 책을 썼을 당시에 그 책은 당대 최고의, 최신의 의학 서적이었다는 점이다.** 물론 지금은 아니다. 어쨌든 이러한 접근 방식에서 탈피한다면 한의학은 더 발전할 수 있다고 생각한다. 그래서 어떠한 변화가 있는지 나름 알아보니, 최근에는 교육 커리큘럼이 외국의 최신 의학서를 기본으로 하며 변화를 추구하고 있고, 한약도 원료를 정량화시켜 중금속 등의 함유 여부를 검사하는 등 조금씩 과학적인 방법으로의 개선 움직임이 있는 것으로 보인다.

이 장에서 내가 굳이 한의학을 언급하는 이유는, 양학에서도 해결하기 힘든 신경치료에 있어서 침술이 국소부위에 신경치료 효과가 있는 것으로 보이기 때문이다.[16] 거의 죽었던 신경 부위에 침술로 자극을 주면 일시적으로 혈류량이 증가하는 것도 확인할 수 있다.[17] 그리고 여드름흉터에 있어서 만큼은 침술의 특기를 살려 '새살침'[18] 이라는, 일종의 외과적 서브시전 기술은 근본을 다루는 치료라고 보며, 실제 사례들을 보면 매우 효과적이다. 이 분야만큼은 피부과의 레이저 시술이 따라오기 힘든 분야라고 생각한다.

음주

통상적으로 주량을 말할 때 소주 병 수를 기준으로 계산한다. 일반적으로 시판되는 소주 한 병의 양은 도수 17도를 기준으로 360ml이다. 그럼 알코올 양은 0.17*360ml이므로 소주 한 병당 순수 알코올 양은 대략 61.2ml이라고 볼 수 있다. 가령 소주 2병을 마신다면 총 순수 알코올 섭취량은 120ml 정도인 것이다. 이렇게 알코올 양으로 본인 주량을 정형화해놓으면 다른 종류의 술을 마실 때에도 본인의 주량을 잘 알 수 있게 된다. 예를 들어 40도짜리 위스키 700ml 한 병을 두 사람이 나눠 마신다면, 0.40*350ml이므로 총 140ml의 알코올을 섭취하는 셈이다. 그런데 그날 취하는 정도는 컨디션, 안주의 종류, 먹는 시간을 고려하여야 하므로 같은 양의 술을 마셔도 그날 그날 상태는 다를 수 있다. 그럼에도 불구하고 다른 요소들을 비슷하게 하여 술 종류만 바꿨을 때에도 취하는 정도, 다음 날 숙취 정도는 모두 다르다. 일반적으로 우리는 다음 날 숙취가 적은 술을 좋은 술이라고 말한다. 개인 체감으로는 비슷한 컨디션에 같은 양의 알코올을 섭취하더라도

위스키 〉 사케 = 안동 소주 〉 보드카 〉 소주 = 맥주 〉 막걸리 〉 와

인 순으로 숙취가 심한 것 같다.[19] 이는 숙성의 정도, 발효 여부, 첨가물의 양에 따라 해독에 차이가 있을 것이다. 같은 위스키 종류 내에서도 숙성 연도가 높아질수록 숙취가 덜했고 옥수수를 원료로 하는 버번 위스키 계열은 체감상 위스키와 안동 소주 사이쯤에 위치하는 느낌이다. 당연한 이야기지만 과음은 좋지 않다. 그런데 사회생활을 하면서 술자리가 잦을 때가 많다. 그러면 **숙취해소에 도움이 되는 성분을 많이 보충한다면 간에 무리는 훨씬 덜할 것이다.** 간의 1차, 2차 해독 과정 모두에 관여하고 면역력에도 관여하는 소위 마스터 항산화제가 있다. (추후 장에서 이에 대해 다룬다.) 그리고 그보다 중요한 것은 **술을 마시거나 해장할 때는 탄수화물 위주로 섭취하는 것이 좋다.** 단백질이나 지방질은 위장을 보호하고 알코올의 급속한 흡수를 늦추는 버퍼(buffer) 역할을 수행하지만 알코올 해독을 돕는 에너지원이 되지 못한다.[20] 우리가 숙취가 심할경우 꿀물을 먹는 것을 생각해보자. 단당류이고 흡수가 빠르다. 과음했을 때 간에서는 알코올 해독을 위해서 저장된 글리코겐을 소모한다. 즉 혈당이 떨어진다. 이 작용은 그다음 날까지도 그 영향이 있어서 일시적으로 저혈당 상태가 된다. 그리고 **이 저혈당 증세는 머리가 아픈 숙취의 증상과 유사하다.**[21] 만약 적당한 탄수화물 위주의 안주와 술을 마신다면 숙취도 덜하게 느끼고 몸에 부담도 덜하다. **이 책에서 대부분의 내용이 탄수화물은 가급적 줄이라고 권장하고 있지만, 음주 상황일 때만큼은 적절한 섭취가 오히려 도움이 되므로 적극적인 섭취를 권장한다.**

흡연

흡연이 몸에 좋지 않다는 것은 누구나 알고 있는 사실이다. 일반적으로 연초 담배의 분류는 타르와 니코틴 함량으로 구별한다. 예를 들면 독하기로 유명한 '말보로 레드'의 경우 개비당 타르 8.0mg, 니코틴 0.7mg이고 한국의 대표적 가향 담배인 '에쎄 체인지 1mg'의 경우 타르 1.0mg 니코틴 0.1mg 함량인 것이다.

그런데 현대시대에 오면서 전자담배라는 것이 등장했다. 기계의 작동 방식, 액상의 유무, 그리고 브랜드별로 용량과 크기 등이 상이하지만, 가장 큰 차이점이라면 전자담배는 연소반응이 없고 이 중 궐련형 전자담배의 경우 대략 250도가량의 온도에서 찌는 방식으로 연무를 흡수하는 방식이라는 것이다. 여기서 일어나는 차이점은 생각보다 큰데 기본적으로 일반 연초담배의 연소반응은 700도 그 이상에서 발생한다. 따라서 **연초는 연소반응으로 발생한 연기를 흡입하고, 전자담배는 찌는 형태에 인위적으로 발생시킨 연기를 흡입하는 것이기 때문에,** 전자담배는 이론상 일반담배보다 각종 첨가물과 1급 발암물질인 타르가 거의 발생하지 않게 된다. 뿐만 아니라 전자담배는 연소반응이 없다 보니 일반담배의 연소

과정에서 자연적으로 발생하는 부류연이 존재하지 않으며, 실제로는 실험실보다 유해물질 흡입량이 더 적어지게 된다.

그런데 2018년 식약처에서는 궐련형 전자담배의 타르 함량이 4.8~9.3mg이라고 발표하면서 일반 연초담배 6mg과 동급의 타르 함량을 가진다고 보도하였다. 먼저 식약처가 결과라고 주장하는 수치는 타르 함량의 '추정치'이다. 그리고 이 추정치의 계산방법은 연무잔여물의 총 입자 무게 - 니코틴 무게 - 수분 무게 = 타르 추정치이다. 가령 50(총 입자 무게) - 5(니코틴 무게) - 10(수분 무게) = 35(타르 추정치) 이런식으로 소거법으로 결과를 산출한다.

그런데 일반담배와 전자담배는 구조상 수분 함량의 차이가 크다. 일반담배는 평균 15%의 수분함량을 가지는 데 반해 궐련형 전자담배의 경우 85% 이상의 수분함량을 가지고 있다. 그래서 측정과정에서 수분함량이 많을수록 수분 손실량이 커지기에 타르 추정치가 과도하게 산출되고, **때문에 이를 보정하는 장치나 계산이 들어가야만 한다.** 그런데 식약처는 일본 국립보건과학의료원(NIPH)에 출장하여 이러한 차이점을 고려하여 측정하는 방식을 확인하였고, '신종 궐련형 전자담배 연기 중 유해성분 분석법 관련 기술협의' 보고서를 작성한 사실이 있음에도 이 점을 포함하여 측정하지 않았다. 뿐만 아니라 타르를 제외하고도 벤조피렌, 포름알데히드, 니트로소메틸아미노피리딜부타논, 벤젠, 일산화탄소 등을 포함한 9개의 유해물질들은 전자담배가 연초보다 최소 5배~최대 40배까지, 혹은 그 이상 적게 검출되었는데 이 점은 언급하지 않고, 이처럼 심각한 오류가 발생할 수 있는 잘못된 측정 방식으로 도출한 타르 추정치 함량만을 강조하는 보도 자료를 발표하였다. 때문에 결과와 형평성에 맞지 않는 보도 자료라며 큰 비판이 줄곧 있어 왔으며, 이 점은 추후에도 계속 이어질 것이라고 본다.

따라서 현 시점에서 정확한 수치를 도출시킬 수는 없지만 위와 같은 상황을 고려하여 개인적으로 추정해보건대, 연초 1개비의 유해성은 궐련형 전자담배 5개비, 액상카트리지 궐련형 전자담배 10개비, 액상형 전자담배 200모금의 유해성과 비슷할 것이라고 생각한다. **하지만 근본적으로 연초든 전자담배든 흡연이 건강에 해롭다는 사실 자체는 변하지 않으며,** 다만 똑같은 양을 흡연했을 때 나는 위와 같은 근거로 전자담배가 훨씬 덜 해롭다고 본다.

성기능 개선

나이가 들어가면서 성기능 저하와 관련된 고민이 매우 많은 것으로 알고 있다. 성기능 문제로 인해 건강한 부부생활에 금이 가게된다면 매우 안타까운 일이라고 생각한다. 특히 남성의 경우 호르몬 치료와 비아그라와 같은 전문의약품의 사용을 제외한다면 **근본적인 해결방법은 결국 기초적 건강 개선과 신체 능력을 끌어올리는 수밖에는 없다.**

좀 더 구체적으로 이야기해보자면 혈류의 개선과 근력 운동과 영양을 통해서 자연적 남성호르몬의 증가를 시키는 것이다. 특히나 발기 능력의 경우 모든 호르몬과 근육과 장기의 기능이 기본적으로 원활하게 뒷받침 되어야 가능한 것으로, 비유하자면 피라미드의 최상위 층에 있는 능력이라고 봐야 한다. 그러므로 호르몬적인 방법이 아닌 혈관을 확장시켜 해면체로 혈류가 몰리게 해 **일시적으로 발기 능력을 지속시키는 것은 현실적으로 전문의약품인 비아그라 외에는 거의 없다고 봐도 된다.** 따라서 자연적으로 발기 능력을 증가시키기 위해서는 적절한 근력운동(특히 하체)으로 혈류를 개선시키고, 남성호르몬을 증가시켜야 하며, 충분한 재료의 보충(프레그네놀론, 비타민D, 아연 등), 그리고 노화 문제를 개선시키는 것이 근본 해결 방법이다. 다만 남성호르몬 수치가 이미 너무 낮아 운동이나 영양과 같은 자연적인 식이로 도저히 해결이 불가능하다면, 전문 병원에서 남성호르몬 수치를 검사를 통해 전문의의 상담하에 주기적으로 남성호르몬제를 주사받는 방법이 권장된다.[22]

나는 여러분들이 호르몬주사나 전문의약품을 처방받는 방법도 충분히 좋은 방법이라고 생각하지만, 이 책에 소개할 6가지 방법을 잘 활용하여 최대한 노화를 되돌려 근본적인 방식으로 개선해나가거나, 혹은 시너지 효과를 누려보는 보는 것이 가장 좋은 방법이라고 생각한다. 추후 세부장에서 언급하겠지만, 자연적인 보충 방법 중 '호르몬 보충요법'은 생각보다 체감 효과가 훨씬 강력할 수 있다.

필라이즈 어플리케이션

　필라이즈라는 영양제 관리 스마트폰 앱(App)이 있다. 구글 플레이스 토어에서 다운받을 수 있다. 이 앱의 정말 유용한 기능은 본인이 현재 섭취하고 있는 영양제들을 모두 입력하고 섭취횟수 및 항노화, 간 건강, 피부건강 등 세부적인 테마를 설정해놓으면 AI가 분석하며 최소 0점부터 최대 100점까지 점수를 매겨서 어떤 부분의 영양 섭취가 취약한지를 직관적으로 평가해준다는 것이다. 심지어 무료이고 국내 회사 제품뿐 아니라 해외 직구 제품들과 신제품들의 데이터를 계속해서 업데이트해줌으로 정말 좋은 초고퀄리티 앱이라고 볼 수 있다. 다만 알-리포산을 알파리포산으로 인식하거나 비타민C의 하루섭취량을 기존 정석대로 너무 보수적으로 잡고 있는 부분이 있어서 완전히 완벽하다고는 할 수 없으나 전반적인 나의 영양 섭취상태를 평가해주는 최고의 앱이라고 생각한다. 특히 테마의 카테고리는 최대 8개까지 설정할 수 있는데, 카테고리 수가 늘어날수록 점점 점수를 받는 기준이 까다로워진다. 30대 남성의 평균 점수는 72점이라고 하니 참고하도록 하자.

02

. . . .

먹어서
지키는 건강

먹는 것이 곧 나 자신이다

'먹는 것이 곧 나 자신이다'[23]

이 말은 철학적이면서도 과학적인 말이라고 생각한다. 여러분의 신체를 구성하는 것은 결국 에너지원으로 쓰였든, 아니면 형태가 변했든 우리가 몸의 소화과정을 거쳐서 먹었던 음식들이기 때문이다. 그래서 우리나라의 경우 옛날부터 '밥이 보약이다'라는 말이 있는 것인데, 이 사실을 모르는 사람들은 없다. 그리고 실제로 **몇몇 영양소들은 반드시 직접 섭취하지 않으면 절대 몸에서 스스로 합성해낼 수 없는데**, 예를 들면 미네랄이나 비타민C, 그리고 필수지방산 같은 것들이다.[24] 따라서 이런 영양소들은 반드시 외부음식을 통해 섭취해주어야 한다. 그런데 바쁜 현대인들은 현실적으로 시간에 쫓겨서, 또는 금전적인 이유로 인스턴트 식품으로 한 끼를 때우게 되는 일이 다반사이다. 건강관련 서적을 보면 매일 신선한 야채와 삶은 고기나 고등어를 먹어라, 또는 지중해식 식단을 구성하라는 등 여유가 부족한 사람들에게는 다소 실천하기 어려운 건강법을 제시하는 경우가 많다. 그럴 경우에는 부족한 영양소를 분석해서 **영양제를 먹으면 매우 도움이 된다.** 가끔 일부의 사람들, 심지어 의사의 경우도 영양제를 먹는것이 도움이 안 된다고 말하는 사람들이 있는데 그것은 내가 볼 때 정말 무지한 생각이다. 음식에 들어있는 영양소이건, 알약에 들어있던 영양소이건 분자구조도 똑같고[25] 어차피 우리의 소화기관은 그건이 자연식에서 온 것인지 인공물에서 온 것인지 구분하지도, 구분할 수도 없기 때문이다. 그들이 주장하는 것처럼 비타민A의 전구물질인 베타카로틴이나 비타민E의 토코페롤과 토코트리에놀은 화학식 구조의 차이가 있을 뿐이지 합성이냐 자연이냐를 따질 만한 것이 아니라는 것이다.

어쨌든 현대인들은 바쁜 스케줄 때문에 컵라면을 점심으로 먹을 때도 많고, 커피도 먹고 잦은 회식으로 술도 자주 먹고 사람에 따라 스트레스 때문에 혼자서 치킨을 시켜먹는 일 또한 자주 있을 수 있다. 그런데 추후 서술하겠지만 이 책을 통해 조금만 노하우를 배운다면 몸에 최대한 부담을 덜 주면서도 비슷한 수준의 즐거움을 누릴 수 있는 방법도 있다. 그러니까 적당한 양의 식이섬유와 단백질을 섭취하고, 특정 영양성분이 과하지 않게, 균형있게 섭취하게 만드는 것이다. 내가 말하고자 하는 것은 특정 음식이 좋고 나쁘다는 것이 아니다. **본질은 영양밸런스를 맞추는 것이기 때문이다.** 가령 생선을 주식으로 삼는 에스키모인들에게는 오메가6가 잔뜩 든 식용유가 이로울 수 있지만[26] 지금 오메가6를 과다섭취하고 있는 대다수의 현대인들에게는 몹시 해로울 것이다.

과연 자연식만이 정답일까

　신선한 야채, 현미, 연어샐러드 등 건강하다고 익히 알려진 음식들이 있다. 이론상 이러한 음식만을 골고루 먹는다면 빠짐없이 비타민과 필수 미네랄을 섭취할 수 있을까? 정답은 아마 불가능하다고 본다. 분명 일반적인 식사들에 비해 몸에 해로운 성분들은 적을것이고 이로 인한 건강상 이점은 월등하다 보지만 거기까지일 뿐, 그 이상 완벽할 수는 없는 것이다. 왜냐하면 과거시대와 현대시대는 분명히 다른 것이고 본질적으로 토양의 상태가 과거와 비교해 차이가 난다.[27] 비료의 발전은 많은 작물들을 수확하게 만들어주었지만 비료 안에는 작물 자체의 성장에는 별 영향을 주지 않는 미량미네랄들은 포함되어 있지 않다.[28] 더욱이 현대시대로 올수록 발달된 도정방법과 가공처리 기술로 인해 그나마 남아있던 영양소도 더 사라지고 있다.[29]

　이제 여러분은 과거와 같은 수준의 미네랄들을 음식으로부터 섭취하려면 훨씬 더 많이 먹어야 한다. 과연 이래도 자연식만이 정답인가?

최상의 영양 섭취하기

약식동원(藥食同源)이라는 말이 있다. **약이든 음식이든 그 근본은 하나라는 뜻이다.** 밥이 보약이라는 말도 여기에서 나온다. 우리 몸은 섭취하기만 하면 그게 약이든 음식이든 구분하지 않는다는 뜻이다. 《영원히 사는 법》의 저자이자 미래학자인 레이 커즈와일(Ray Kurzweil)은 하루에 영양제를 100알 이상 섭취하는 것으로도 유명하다.[30] 이렇게만 그를 소개하면 괴짜라고 생각할지도 모르겠지만 그는 노화 관련 분야뿐만 아니라 발명가, 인공지능 연구 등 다방면으로 매우 똑똑하고 유명한 사람이다. 어쨌든 수명 연장의 목적으로 영양제를 그 만큼이나 섭취하는 것은 그 자체로 매우 힘든 일이고, 노력이 대단한 사람이라고 본다.

우리 몸은 특정 영양소가 부족해지면 생각보다 훨씬 영리하게 대처한다. 이것을 '**돌려 막기**'라고 표현하는 게 이해하기 수월할 것 같다. 우리가 적재적소에 특정 자원을 활용할 수 없으면 비슷한 것으로 이를 대체하려고 한다. 한 가지 예를 들자면 세포막의 '포스파티딜콜린' 성분이 부족해지면 이를 콜레스테롤로 대체할 수 있다. 포스파티딜콜린 성분은 몸에서도 합성이 되지만 점차 나이가 들수록 합성량이 줄게 되고, 계속해서 이러한 일이 반복되면 우리의 피부는 소위 노화라고 말하는 증상, 피부가 검붉게 변하며 주름이 생기게 된다. 따라서 부족한 포스파티딜콜린을 충분히 섭취해준다면 우리는 다시 제 기능을 하는 건강한 세포를 만들어낼 수 있게 되는 것이다.[31]

영양소의 종류

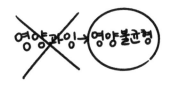

우리는 매일 식사로 3대 영양소인 탄수화물, 단백질, 그리고 지방을 섭취한다. 최근에는 건강유지 및 다이어트를 위해 이 3대 영양소들의 비율을 바꾸어 저탄고지 식단등 여러가지 식이요법을 제시하기도 한다. 그러나 **우리 몸은 이 3대 영양소 외에도 미네랄과 비타민을 필수적으로 섭취해야만 한다.** 당연한 이야기지만 미네랄은 체내 합성이 불가능하여 식품이나 보충제 형태로만 섭취할 수 있고 비타민도 B3, D, K2[32] 정도를 제외하면 대부분이 체내 합성이 불가능하고 그나마 합성되는 비타민도 환경에 따라 그 양이 충분하지 않은 실정이다.

뉴스나 언론 매체에서는 현대인들의 식사량이 많아져 탄수화물, 단백질, 지방이나 콜레스테롤 등의 과량 섭취 문제를 '영양 과잉의 시대'라고 즐겨 표현하지만, 사실 과거보다 미네랄은 더 적게 섭취하면서 고탄수화물의 식사를 즐겨하는 하는 것을 두고 **'영양 불균형의 시대'**라고 표현하는 게 더 정확할 것이다. 이 장에서는 3대 영양소 이외에 필요한 영양소들의 기능과 최적 섭취량에 대해서 알아본다.

먹는 순서부터 바꿔라

일단 부족한 미네랄과 비타민의 섭취에 앞서 식사 순서부터 바꿔라. 식사 시 일반적으로 밥에 반찬을 먹는 방식으로 식사하지만 야채, 단백질, 지방 위주의 음식을 먼저 섭취하고 탄수화물을 섭취하면 같은 양의 음식이라도 최고혈당이 약 30~40% 감소하는 효과가 있다.[33] 그리고 야채를 먼저 먹고 탄수화물을 섭취해도 최고혈당을 감소시킬 수 있다는 연구 결과도 있다.[34] 그러니까 **채소류와 고기류를 먼저 먹고 밥을 먹는 게 가장 현명한 식사 순서일 수 있다.** 그리고 낮에는 고지방 고단백식, 저녁에는 절제된 탄수화물 위주의 식사를 하는 것이 혈당은 관리하면서 지나친 탄수화물 부족으로 인한 세르토닌 부족 문제 및 수면의 질 개선이 가능하다.

그런 다음에는 가장 중요한 3대영양소인 탄수화물, 단백질, 지방의 비율부터 맞춰보자. 식품의약품안전처 영양표시정보에 따르면 탄수화물, 단백질, 지방 하루 기준 100% 섭취량은 324g, 55g, 54g 도합 2,002kcal를 기준으로 하고 있다. 적당히 움직이는 60kg 성인의 하루 필요한 칼로리가 대략 2,000kcal 이므로 아마 이를 기점으로 식약처는 영양성분 기준치를 작성한 것으로 추정된다. **그러나, 단언컨대 저 식약처 기준으로 3대**

영양소를 섭취하면 당뇨에 걸릴 확률도 높고 빨리 늙어 죽을 것이다. 저탄고지식이를 하지 않는 사람이라도 저기서 탄수화물은 줄이고 고기 섭취량을 더 늘리는 것이 노화방지 및 근육량 유지 등 여러모로 훨씬 이로울 것이다. 따라서 탄수화물, 단백질, 지방을 각 160g, 105g, 105g으로 밥을 반공기 정도 줄이고 고기 섭취량을 늘리기를 나는 권장한다.

  본격적으로 식사를 하게되면 소화과정에서 혈당은 필연적으로 오른다. 혈당은 3대영양소인 탄수화물, 단백질, 지방 중에서 탄수화물이 소화되면서 혈관에 포도당 형태의 최소에너지 단위로 이송된다. 대한당뇨병학회에 따르면 일반적으로 공복 혈당은 99mg/dl이하, 식후 1시간 후는 180mg/dl이하, 식후 2시간 후는 140mg/dl이하를 정상수치로 보고 있다. 그런데 어떤 이유에서건 혈당이 정상범위의 조절능력을 벗어나게 되면 이는 흔히 당뇨라 불리는 혈당장애 상태가 된다. 그런데 이러한 진단을 받기 전에도 인슐린이 제때 나오지 않거나, 반응하지 않고 수치가 급격하게 상승한다거나, 경사진 형태의 혈당 그래프가 측정된다면 문제가 시작되는 것이다. 우리가 세포 내로 포도당을 유입시켜 에너지를 공급하려면 인슐린이 필요하다. 그런데 인슐린이 분비되지 않아 능력을 상실하는 1형 당뇨와 인슐린은 나오지만 노화 등 인슐린 수용체에 저항성이 생겨 신호가 전달되는 2형 당뇨로 구분한다. 그리고 정식 진단명은 아니지만 이 두가지 증상이 혼합된 1.5형 당뇨가 있다. 당뇨에 대한 자세한 이해는 추후 따로 다룬다.

미네랄

　인체의 구성성분은 물이 약 65%이고, 그 외 단백질이나 지방을 제외하면 복합미네랄로 구성된 무기질이 약 5%를 차지하고 있다. 그리고 그 무기질도 대량미네랄, 미량미네랄로 구성되는데 대량미네랄에는 우리가 잘 알고 있는 칼슘이 가장 많은 비중을 차지하고, 순서대로 인, 칼륨, 황, 나트륨, 염소, 마그네슘 순으로 비율을 차지한다. 그리고 미량미네랄은 철, 아연, 구리, 망간, 셀레늄, 요오드 등이 있는데 매우 소량이지만 결핍될 경우 피로감, 무기력중, 호르몬 생성 저하 등등 일상생활뿐 아니라 건강에 많은 문제를 초래하게 된다. **기본적으로 산업화시대 이후 농산물의 대량 생산과 가공, 비료의 사용으로 과거와 같이 정상적인 식사만으로는 적정량의 미네랄 섭취가 거의 불가능한 상태이다.**

· 칼슘

　칼슘은 무기질 중 대다수를 차지하고 주로 뼈를 구성하는 물질이지만 일부는 혈액 속에 남아 근육과 신경 활동에도 관여하는 중요 미네랄이다. 그런데 기본적으로 칼슘은 음식물에 많이 들어있어도 흡수율이 매우 낮기 때문에 반드시 비타민D와 비타민K2의 도움이 있어야만 흡수가 용이하다. 추후 칼슘 패러독스 장에서 따로 언급하겠지만, **칼슘제 섭취는 부작용이 많아서 특별한 경우가 아니라면 칼슘제는 가급적 따로 복용하지 않는 것이 좋다.**

• 인

인은 칼슘과 함께 뼈를 구성하고 세포막과 유전자 DNA를 구성하는 생명활동에 없어서는 안 될 중요 미네랄이다. 그러나 대부분의 식품에 풍부하고 육류, 유제품, 심지어 가공식품이나 탄산음료에도 첨가되므로 **현대시대에는 결핍보다는 과잉섭취에 주의해야하는 미네랄이다.** 따라서 칼슘과 마찬가지로 따로 영양제로 섭취할 필요가 없다.

• 칼륨

칼륨은 고기 위주의 식사를 자주하는 현대인들에게는 과잉으로 인해 별 다른 문제가 없지만 과거 풀뿌리를 캐먹던 시절에는 채소에 든 칼륨의 과잉섭취 문제로 많은 문제를 일으켰던 미네랄이다. 기본적으로 칼륨은 나트륨과 함께 체수분 농도와 혈압을 조절하는 역할을 하는데, 칼륨은 주로 과일이나 채소류, 감자, 고구마, 바나나에 많이 들어있다. 우리의 몸은 나트륨은 재흡수 시스템[35] 이 있는 등 최대한 보존하려고 애쓰지만, 칼륨은 최대한 빠르게 배출하도록 설계되어 있는데, 이는 **고나트륨 상황보다**

고칼륨 상황이 훨씬 위험하기 때문에 그런 것이라고 보인다.

식약처는 하루 칼륨 권장섭취량은 3,500mg으로 설정했지만 이보다 부족하더라도 칼륨을 따로 섭취할 필요는 없다고 본다. 왜냐하면 혈중 칼륨의 농도가 높으면 나트륨과의 밸런스를 맞추기위해서 안지오텐신이 분비되면서, 칼륨을 배출함과 동시에 나트륨 재흡수를 하는데(이 과정은 반드시 동시에 일어난다), 이때 신장 사구체의 압력이 증가하게 된다. 또한 이 과정은 서서히 진행되므로 비록 즉시 혈압이 오르지는 않으나 여러분이 **저염식을 오래 하거나 칼륨 섭취가 너무 높게 되면 위 나트륨 재흡수 과정으로 인해 오히려 고혈압이 유발될 수 있고 신장은 높은 압력 때문에 망가지는 것이다.**

• 황

황은 인체구성 무기질 중 칼슘, 인, 칼륨 다음으로 많은 구성을 차지하는 필수원소이고, **주로 인체 내 피부, 관절, 머리카락, 손발톱을 구성**하며 또한 우리 몸의 항산화 작용 및 만능 해독제 역할을 하는 글루타치온의 원료가 되기도 한다. 다만 무기유황 그 자체는 독성이 있어서 전통적으로 유황오리 등으로 간접 섭취하는데, 최근에는 식이유황 영양제인 MSM(메탄설포닐메탄) 형태로도 많이 섭취한다. MSM은 가격은 저렴하지만 전반적인 건강개선과 피부가 좋아지고 염증이 감소되었다는 체감 후기들이 많이 있는 것으로 유명하다. 최적섭취량은 1.5~6g 사이이다.

• 염화나트륨

염화나트륨은 흔히 말하는 소금의 주성분으로 오히려 현대인들이 적게 섭취해서 문제가 되는 염 이온(Na+)과 염소 이온(Cl-)의 결합물질인 NaCl을 말한다. 소금의 구성물질 중 80% 이상을 차지하며(정제염의 경우 98% 이상) 짠맛을 낸다.

나트륨은 다른 말로는 소듐이라고도 부르는데, 세계보건기구(WHO)를 비롯한 정부에서는 어떻게 해서든 나트륨을 줄이라고 권장하고 있다.[36] 그들이 권장하는 하루 나트륨 섭취량인 2,000mg은 정말 비현실적인 저염식이라고 볼 수 있는데, 저염식은 세포막의 탄력을 유지하지 못하게 만들어 면역력을 떨어뜨리고, 소화를 힘들게 만들며 또한 나트륨의 부족은 재흡수 시스템을 가동시키기 위해 안지오텐신을 분비하여 사구체의 압력을 증가시킴으로서, 오히려 신장에 무리를 줄 수 있기 때문이다. 좀 더 쉽게 말해 **소금이 없으면 혈압 조절도 안되고 소화기능도 안 돼서 죽는다.**[37] 당장 2,000mg 저염식으로 일주일 생활해보면 몸에 기력이 빠지고 하루종일 힘이 잘 안 나는 것을 느낄 수 있다. 나트륨은 없어서는 안될 필수 중의 필수 미네랄인데, 이런 취급을 받는 것을 안타깝게 생각한다. 하루 권장섭취량을 소금 5g(나트륨 2g)이라고 하지만 이는 절대 현실적이지 않다고 보며, 특히 고기류와 같이 단백질 섭취량이 많거나 저탄고지식을 할 경우 소화를 위한 위산 필요량이 더 많아지므로 나는 하루에 대략 소금 12~14g(나트륨 4.7~5.5g)정도를 섭취한다.

- 마그네슘

현대적인 농사방법으로 인해 가장 결핍되기 쉬운 원소가 되었다. **따로 영양제로 보충해주지 않는 현대인 대다수가 만성적인 결핍상태인 것으로 추정된다.** 마그네슘은 혈중 칼슘농도유지 및 체내 각종 효소반응에 필요하고 근육과 신경계의 활동을 조절하며 충분량을 섭취하면 근육긴장 이완과 심적인 안정감을 개선한다. 현대인들에게 스트레스로 인한 과도한 긴장감을 이완시켜 전반적인 피로감을 개선시켜주는 아주 고마운 무기질이다. 특성상 흡수율이 높지않아 구연산과 결합시키거나 킬레이트화 가공처리 하는 등 흡수율을 높인 제품들이 판매된다. 최적섭취량은 200~350mg이다.

- 철분

철분은 피 속 적혈구의 산소를 공급해주는 헤모글로빈의 필수 성분으로 **체내 반드시 일정량 필요한 원소이다.** 철분이 부족하면 우리가 잘 알고 있는 빈혈을 앓게 된다. 철분은 주로 붉은 고기 등의 육류, 간, 계란 등에 풍부하게 함유되어 있으며, 과거와 달리 현대인들은 육류를 많이 섭취하므로 일반적으로 **결핍되는 일은 흔하지 않다. 철분이 과잉되면 신체 전반의 노화가 빨라지며 급성일 경우 간독성 및 철 중독으로 인한 쇼크가 올 수 있다.** 때문에 제약회사의 최신 멀티비타민제는 이러한 점을 고려하여 철분성분을 제외하고 'Iron free'나 'No Iron' 버전의 상품을 출시하기도 한다. 빈혈 등 특이사항이 없으면 추가 보충할 필요는 없으며, 최적섭취량은 남자 9~10mg, 여자 8~14mg이다.

• 아연

아연은 세포의 성장과 발육을 돕고 각종 효소반응과 면역반응에도 관여하는 필수 미량원소이다. 또한 남성호르몬과 성건강에도 도움을 주는 것으로 알려져 최근 영양제나 보충제 성분으로 인기가 많다. 다만 과잉될 경우 메스꺼움이나 오히려 면역력 저하가 일어날 수 있다. 그리고 **아연은 인슐린의 직접 재료**로서 당뇨의 근본 치료에 중요한 원소이다. 이 부분은 추후 당뇨 파트에서 구체적으로 다룬다. 최적섭취량은 20~40mg이다.

• 바나듐

바나듐은 극미량의 필수 미네랄로서, 글리코겐 합성을 억제하고 혈당이 원활하게 조절될 수 있도록 돕는다. 최근 크롬과 함께 2형 당뇨인들에게 도움이 되는 것으로 많이 알려지고 있다. 자세한 내용은 아연과 함께 당뇨 파트에서 구체적으로 다룬다. 최적섭취량은 500~1,000mcg이다.

• 크롬

크롬 또한 극미량의 필수 미네랄로서, 당 조절의 여러 대사 과정에 관여하며 **결핍 시 인슐린 저항이 발생한다고 알려져 있다.** 영양 보충제로 쓰이는 크롬은 3가 크롬으로서 흡수율이 낮아 피콜리네이트 등으로 흡수율 개선 및 안정화한 제품이 출시되고 있다. 자세한 내용은 아연, 바나듐과 함께 당뇨 파트에서 구체제으로 다룬다. 최적섭취량 200~250mcg이다.

• 망간

활성산소를 제거하여 노화를 방지하며 뼈와 연골, 혈관, 모발 건강에도 관여한다. 성인의 경우 망간 결핍은 드문 편이다. 최적섭취량은 3~11mg 이다.

• 셀레늄

과거에는 독성이 있는 것으로 알려졌으나 미량을 섭취할 경우 항산화 작용, 면역력 증진, 피부 및 모발건강에 기여한다. 다만 워낙 소량을 몸에 서 필요하므로 과잉섭취에 주의해야 하는데, 특히 브라질너트 견과류는 1알당 셀레늄 함량이 무려 77mcg이나 되므로 하루에 3알 이상 섭취하지 않는다. 최적섭취량은 200mcg이다.

• 구리

구리는 철분의 흡수를 도와주고 항산화작용, 면역반응에 관여하여 신 체에 필요하지만 소량이 필요하다. 정상적인 식사를 한다면 결핍 또는 과잉이 잘 일어나지 않는 원소이다. 최적섭취량은 0.8~10mg까지이다.

• 요오드

  요오드는 아이오딘이라고도 불리며 체내 에너지대사를 조절하며 갑상선 호르몬의 재료로서 체내 반드시 필요한 물질이다. **요오드가 결핍될 경우 피로감이 심해지고 두뇌발달이 저하된다.** 그런데 우리나라의 경우 기본적으로 미역, 다시마, 김 등의 해조류를 많이 섭취하는데, 미역국 한 그릇에는 무려 700mcg의 요오드가 함유되어있다. 그러나 식습관에 따라 요오드의 섭취량은 개인마다 차이가 큰 데다가 최적섭취량의 범위가 크다. 그리고 정확히는 **무기요오드와 유기요오드 두 가지로 나뉜다.** 요오드화칼륨은 대표적인 무기요오드이고 이는 주로 갑상선에 작용하기 때문에 장기간 복용할 시 자가면역의 우려가 있다. 유기요오드는 탄소 유기분자에 요오드가 결합되어있는 형태이고 무기요오드와는 달리 난소, 자궁, 전립선 등의 신체 내 각종 호르몬 장기들에 작용한다. 그리고 **루골 (rugol) 비율**은 요오드화칼륨과 요오드분자가 3:2비율로 제조된 것으로, 장기복용에도 안전하고 갑상선 자가면역을 오히려 줄여줄 수 있다.[38]

  요오드의 최적섭취량은 150~2,400mcg이지만 워낙 국가 및 개인별 편차가 커서 근거가 명확치 않다. 해산물을 많이 섭취하는 일본의 경우는 12~14mg이나 섭취한다고 알려져 있는데, 이는 무려 권장량의 80배에 달하는 양이다. 나의 경우 optimox사의 루골 비율로 제조된 iodoral 12.5mg을 매일 섭취하는데 요오드는 갑상선 호르몬의 원료가 되며, 갑상선 호르몬은 체내 에너지 대사를 조절하므로 피로감 해소와 밀접한 관련이 있다.

• 보론(붕소)

뼈를 튼튼하게 유지하는데 도움을 주는 것으로 알려져있다. 또한 산화 스트레스를 감소시키고 호르몬 증가, 인지 능력 개선에 도움을 주는 것으로도 알려져있지만 과잉 섭취시 피부염, 설사, 메스꺼움 등이 유발될 수 있다. 최적섭취량은 20mg미만이다.

• 리튬

리튬은 일반적인 영양보충제에는 포함되지 않으며 필수 미네랄로 분류되지 않지만, 뇌기능에 작용하여 특히 감정기복을 줄여주는 효과가 있다고 알려져있다. 주로 조울증 및 우울증 치료에 사용되고 있는데, 이 경우에도 리튬은 워낙 극미량으로 사용되는 데다가 과잉섭취시 독성이 있어 섭취에 주의가 필요하다. 최적섭취량은 따로 정해지지 않았으며, 처방약으로는 통상 일일 1,000mcg정도 사용된다. 특별한 목적이 있는 경우가 아니라면 사용 시 주의가 필요하다.

이처럼 **미네랄은 지각 원소로서 오로지 외부 섭취에만 100% 의존하기 때문에,** 체내에서 중요하게 작용하나 나이가 들수록 합성량이 떨어지는 성분들, 예를 들자면 일부 비타민종류(비타민D, 이노시톨 등), 코엔자임 Q10 등의 조효소, 글루타치온 같은 항산화제와는 달리 결핍이 되면 대체가 불가능하다는 것을 알아야 한다.

비타민

· 비타민A

대표적인 지용성 비타민으로 세포의 분열, 성장, 재생에 필수적이며 특히 눈의 망막과 시력과 관련이 많다. 다만 과잉섭취할 경우 간독성이 있으므로 주의해야 한다. 비타민A의 전구체는 대표적으로 베타카로틴이 있으며 비타민A의 최적섭취량은 1,500mcg이다.

· 비타민B1(티아민)

에너지 생성과 피로회복을 도와주며, 수용성 비타민으로 체내 배출이 원활하여 과잉섭취에도 별 다른 부작용이 없는 것으로 알려져 있다. 지용성 형태로 생체이용률을 높인 푸르설티아민, 벤포티아민 등의 형태도 존재한다. 최적섭취량은 50mg이다.

• 비타민B2(리보플라빈)

비타민B1과 마찬가지로 피로회복을 도와주며 피부, 손톱, 머리카락의 영양상태에도 관여한다. 수용성이며 과잉섭취에도 별 다른 부작용이 없는 것으로 알려져 있다. 최적섭취량은 50mg이다.

• 비타민B3(나이아신)

에너지 생성(ATP)을 도와주며 신경계 유지, 혈관 확장 및 지질 감소효과가 있어 혈액순환에 도움을 준다. 많은 양을 섭취해도 별 다른 부작용은 없는 것으로 알려져 있으나 일부 과잉시 간 수치 증가, 피부 홍조등의 가능성이 있다고 알려져 있다. 최적섭취량은 50~1,000mgNE이다.

• 비타민B5(판토텐산)

스트레스와 염증을 조절하고 피부와 머리카락의 건강에 도움을 준다. 수용성으로 과잉섭취에도 별 다른 부작용이 없는 것으로 알려져 있다. 최적섭취량은 50mg이다.

• 비타민B6(피리독신)

단백질의 아미노산대사에 필수적이며 단백질의 독성 부산물인 호모시스테인 농도를 낮춰주어 동맥경화나 뇌졸중등의 심뇌혈관 질환 발생가능성을 낮춰준다. 거의 드물지만 너무 지나친 섭취 시 손발저림, 감각이상 등 신경계통에 특별한 문제가 발생할 가능성이 있다. 최적섭취량은 75mg이다.

• 비타민B7(비오틴)

탄수화물, 단백질, 지방의 에너지 대사에 중요한 역할을 하며 구조자체가 황 성분을 함유하고 있어 피부, 손톱, 모발 건강에 도움을 준다. 수용성으로 과잉섭취에도 별 다른 부작용이 없는 것으로 알려져 있다. 최적섭취량은 50mcg이상이다.

• 비타민B9(엽산)

세포와 혈액생성에 중요한 비타민이며, 비타민B6와 함께 혈액 내 호모시스테인 농도를 낮춰주어 혈관 손상을 예방한다. 드물지만 너무 과잉섭취시 신장에 무리가 갈 수 있다는 보고가 있다. 최적섭취량은 400~800mcg이다.

• 비타민B12(코발라민)

적혈구 생성, 신경조직 및 세포성장에 중요한 역할을 하며 비타민 B6와 함께 혈액 내 호모시스테인 농도를 낮춰주어 혈관 손상을 예방한다. 수용성으로 과잉섭취에도 별 다른 부작용이 없는 것으로 알려져 있다. 최적섭취량은 50mcg이상이다.

• 비타민C

　비타민C는 괴혈병을 예방하고 생명 활동에 반드시 필요한 수용성 비타
민이다. 결핍시 신체에 치명적인 문제를 일으키지만, 반대로 과잉섭취할
때에는 설사정도의 증상 외에는 좀처럼 부작용이 나타나지 않는다. 간혹
요로결석의 가능성을 증가시킨다는 논문도 있지만 이에 대한 반박 논문
도 많으며,[39] 여성은 관련성을 찾아볼 수 없지만 일부 남성에게만 차이가
나타날 수 있으며, 또한 식이 비타민C는 관련성이 없는 것으로 결과가 도
출되기도 하는 등[40] 아직까지 일관성 있고 명확한 근거가 부족하다는 평
가가 많다.[41] 그도 그럴것이 반수치사량(LD50)이 체중 60kg 기준 714g
으로 어마어마한 수치를 자랑하는데 이는 소금보다 4배, 카페인보다 48
배에 해당하는 양이며 수치만으로 본다면 물이나 설탕 다음으로 안전한
수준이다.

　비타민C의 역할은 기본적으로 체내 콜라겐 합성, 도파민 합성, 철분 흡
수, 항산화 작용, 세포 내 에너지대사시 조효소 작용, 상처 회복 촉진, 콜
레스테롤의 산화 방지로 인한 죽상동맥경화 예방, 뿐만 아니라 항암치료
시 비타민C를 고용량 정맥투여(이 경우는 경구복용이 아니다)하면 사망
률이 낮아진다는 보고도 계속 등장하고 있다.[42] 이처럼 **비타민C는 인간
에게 필수적인 데다가 다양한 작용기전으로 몹시 이롭다는 것은 모든 학
자들이 이견이 없지만, 그 용량에 있어서는 의견이 매우 분분하다.** 예를
들어 비타민C 한 알(1,000mg)이면 충분하다는 사람도 있고, 메가도스를
주장하는 사람들은 최소 6,000mg 정도는 먹어야 제대로 된 효과를 볼 수
있다 라는 식이다.

어차피 두 논쟁에서 차이라고 해봐야 더 먹어서 문제가 된다기 보다는 소변 등으로 일정량 이상은 모두 배출되어 의미가 없다라는 것인데, 이 논쟁은 아직까지도 활발히 토론중인 주제이다. 따라서 **얼마나 섭취해야 할 것인지는 개인의 판단의 수준으로 남아있다고 봐도 될 정도이다.** 나의 경우는 두가지 모두 충분히 근거가 있다고 보고, 꽤 오랜 시간에 걸쳐 두 가지 방법 모두를 해보았지만 비타민C의 가격은 매우 저렴한 수준이고, 메가도스를 해도 별 다른 부작용은 없었으며 극한의 상황에서 동물들도 비타민C의 체내합성량을 비약적으로 늘린다는 사실을 고려해볼 때 충분히 섭취하는 편이 이득일 것이라고 판단하여 매일 3,000~6,000mg씩 섭취하고 있다.

참고로 세계보건기구(WHO)는 하루 비타민C 섭취량을 100mg으로 권장하고 있으나 이 양은 의사들 마저도 괴혈병만 겨우 면할 수준이라는 의견이 많고, 각종 식재료에도 산화방지제로서 아스코르빈산나트륨 형태로 매우 빈번하게 쓰인다는 점(그만큼 안정적이다), 마트에서 파는 비타민C 드링크제도 한 병당 비타민C를 500mg 이상 함유하고 있다는 점을 볼 때 오히려 비현실적인 수치로 보인다. 최적섭취량은 500mg 이상부터이다.

· 비타민D

지용성 비타민의 대표주자인 비타민D는 소장에서 칼슘의 흡수를 돕고 골밀도를 증가시킨다. 이러한 작용은 뼈나 치아의 건강에 주로 관여하며 일부 미량은 혈액 속에 남아 근육이나 신경계통의 칼슘대사를 조절한다.

그런데 **최근 비타민D가 이러한 역할을 넘어 일정한 농도를 체내 유지할 경우 면역반응이나 항암작용에 끼치는 긍정적인 영향이 상당하다는 것이 알려지고 있다.**[43]

먼저 비타민D는 다른 비타민들과는 달리 분자구조가 프로 호르몬의 형태를 하고 있다. 깨진 고리 부분을 수선하면 전형적인 스테로이드 형태의 구조이다. 신기한 점은 남성호르몬 농도가 낮으면 보통 비타민D 농도도 낮다는 사실이다. 이 두 수치는 꽤 큰 상관관계가 있어서 이러한 이유로 비뇨기과에서는 남성호르몬 수치를 검사할 때 보조지표로서 비타민D 농도도 같이 검사하는 곳도 있을 정도이다. 또한 현재까지 밝혀진 비타민D의 항암 작용은 염증과 면역반응, 그리고 세포증식단계로 이어지는 과정에서 돌연변이인 암세포 유전자의 발현을 조절하고, 암 전이 과정에서 암세포의 신생혈관 형성 억제하여 암세포의 성장과 분화를 막는 것으로 알려졌다. 다만 이러한 항암효과는 혈중 비타민D 농도가 최소 30~40ng/ml 혹은 그 이상을 유지되어야 한다고 알려져 있으며 대한민국 국민 평균 혈중 비타민D 농도가 16.1ng/ml인 것을 고려해볼 때 최적섭취량은 생체이용률이 가장 높은 D3(콜레칼시페롤)형태로 된 것을 하루 1,000~3,000IU(25~75mcg) 정도를 섭취하면 적절할 것으로 보인다. 비타민D는 지용성 비타민이므로 체내에 저장되는 성질이 있어 복용 전에 미리 체내 비타민D 농도를 측정하여 양을 조절하는 것이 중요하다. 특히 암환자의 경우 대개 혈중 비타민D 농도가 정상인들보다 더 낮은 것으로 알려져있으므로 수치 검사가 더더욱 필요하다.

• 비타민E

　항산화 작용을 하는 지용성 비타민이며 혈관의 탄력유지 및 콜레스테롤의 산화를 막아 혈관의 건강을 돕는다. 실생활에서도 비타민E의 항산화 작용을 이용하여 팜유 등 각종 식품의 첨가물로 사용되기도 하고 립밤 등에도 흔하게 이용된다. 다만 **토코페롤 형태의 비타민E**(토코트리에놀 형태 제외)는 과잉섭취할 경우 오히려 두통을 유발하거나 뇌출혈의 위험이 증가된다는 연구 결과[44]가 있어 섭취량에 있어 꽤 주의가 필요하다. 비타민E의 권장섭취량은 3.3~540mg으로 범위가 상당히 넓은 편이다. 최적섭취량은 12~100mg이다.

• 비타민K1(필로퀴논)

　비타민K1은 지혈작용 및 혈액응고에 관여하는 중요한 기능을 수행하는 지용성 비타민으로 케일, 시금치, 브로콜리 등 식물성 식품에 풍부하다. 주로 간에서 작용하며 결핍시 멍이 잘 들거나 코피 등의 출혈이 자주 발생하지만 식품 등의 섭취로 실제 결핍되는 일은 많지 않고, 과잉 시에도 반감기가 3~4시간으로 짧아 응고 현상 등 큰 이상반응을 유발하지 않는 것으로 알려져 있다. 다만 쿠마딘, 와파린 등의 항응고제를 복용중인 경우 상호작용의 문제가 발생할 수 있으므로 주의해야 한다. **비타민K1 일부는 장내 미생물에 의해 비타민K2(메나퀴논) MK4형태로 전환된다.** 최적섭취량은 100mcg 이상이다.

• 비타민K2

비타민K2는 비타민K1의 지혈작용과는 달리 오히려 혈관 석회화를 줄여 혈관의 건강과 원활한 혈액순환을 돕는다. 비타민K2는 비타민K1의 일부가 장내미생물에서 합성된 후 MK4 형태로 흡수되기도 하나 그 양이 충분치 않고, 주로 유제품이나 고기 등의 섭취로 흡수되지만, MK4 형태는 반감기가 짧은 편이라 생체이용률이 높지 않은 단점이 있다. 그런데 이러한 MK4보다 반감기가 길어 생체이용률이 월등히 높은 형태는 MK7으로서, 요거트, 치즈, 낫토 등의 발효식품으로 다량 섭취가 가능하다. 비타민K2가 다시금 주목을 받는 것은 혈관 내로 운반된 칼슘을 다시 뼈조직으로 흡수하는 것을 돕는다는 점 때문인데, 즉 **비타민D가 소장에서 혈관 내로 칼슘을 흡수한 것을 비타민K2가 다시 뼈조직으로 운반시키는 역할을 한다.** 따라서 칼슘에 의한 동맥 석회화 예방뿐 아니라 골다공증도 예방할 수 있다.

항산화제 및 기타 성분

　일반적으로 항산화제라고 하면 대체로 유기화합물인 바이오 플라보노이드를 총칭하지만, 넓게는 항산화 역할을 수행하는 미네랄, 비타민류를 포함한 모든 성분들을 지칭한다. 먼저 플라보노이드는 다양한 식물에서 천연으로 합성되는데, 종류와 형태에 따라 5,000가지 정도가 존재한다고 알려져있다.[45] 대표적으로 한 번쯤 들어봤을 카카오에 포함된 폴리페놀, 카레 등의 향신료에 포함된 커큐민, 포도의 레스베라트롤 등의 성분이 있다. 또한 플라보노이드는 항산화 역할뿐만 아니라 간해독의 과정에도 관여하는데, 간해독 과정은 크게 1차, 2차의 해독 과정을 거친다. 플라보노이드는 비타민B군들과 함께 주로 1차 해독과정에 관여한다.

　이처럼 우리 몸이 빨리 늙는 것을 막아주고 건강한 삶을 유지하는데 도움을 주는 플라보노이드는 종류가 너무나 다양하다보니 미국[46]에서는 노화작용에 있어 항산화제로서 얼마나 항산화능력이 있는지 단위 g당 활성산소(Free radical)를 제거하는 능력을 측정하기 위해 ORAC(Oxygen Radical Absorbance Capacity) 도표를 만들어 분류하고 있다.

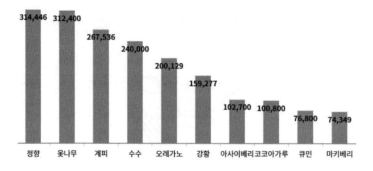

[ORAC(Oxygen Radical Absorbance Capacity) 도표, 단위: 100g]

위 표에서 나오는 수치는 100g당인데, 비현실적인 수치이므로 1g 단위로 환산하면 1위인 정향은 3,140, 3위인 계피는 2,675가 된다. 그리고 위 표에는 없지만 비타민C는 그램당 1,890, 비타민E도 무려 1,350이나 된다. 앞서 미국 농무부는 하루 권장 ORAC를 3,000~5,000정도라고 발표했었다. **그런데 2012년 미국 농무부는 ORAC수치를 삭제했다.** 그 이유는 두 가지인데, 첫 번째 이유는 실험실에서나 측정하는 방식으로는 실제 우리 몸에서의 일어나는 복잡한 상호 작용을 고려하여 측정하기 불가능하다는 것이고, 두번째 이유는 ORAC 수치가 특정 상품등의 광고마케팅에 너무 많이 악용된다는 점이다. 사실 이 입장에 대해서는 나도 비슷한 견해인데, 플라보노이드 계열의 항산화제가 건강상 이점이 있음은 사실이나, 마케팅에 의해 지나치게 과장되는 측면이 있다고 본다. 그리고 어떻게 보면 **비타민C가 대부분의 플라보노이드보다 강한 항산화력을 가지고 있고,** 메가도스도 가능할 만큼 많은 양을 섭취할 수 있다. 또한 매우 저렴한 편이기 때문에 가성비도 뛰어나다. 그럼에도 불구하고 플라보노이드는 간 해독 과정에 필요하며, 각자의 고유 특성을 가지기 때문에 대표적인 몇 가지만 다뤄보도록 한다.

• 폴리페놀

대표적인 항산화 물질로 신체 전반의 건강 및 피부 등의 건강에 도움을 준다. 녹차, 커피, 초콜릿 등에 풍부하다.

• 레스베라트롤, 프테로스틸벤

레스베라트롤은 《노화의 종말》 저자이자 데이비드 싱클레어(David Sinclair) 박사가 적극적으로 추천하는 세놀리틱[47] 항산화 물질이다. 레스베라트롤은 포도에 많이 함유되어있다고 한다. 그리고 프테로스틸벤은 레스베라트롤을 메틸화하여 구조적으로 한층 더 높은 흡수율과 지속시간을 증가시킨 형태이다.

• 아피제닌

염증과 산화스트레스 억제에 좋은 플라보노이드로 특히 캐모마일에 많이 함유되어있다.

• 퀘르세틴

강한 항산화 작용을 가진 플라보노이드로 항염증 작용, 알러지반응 개선에 효과적이다. 양파에 많이 함유되어 있다. 추후 소개할 피세틴과 함께 노화세포를 제거하는 능력이 뛰어난 것으로 알려져 있다.

· 라이코펜

광합성을 하는 식물에 포함되어 있으며 붉은빛을 띤다. 비타민A의 전구체인 베타카로틴과 함께 카르티노이드로 분류된다. 수용성인 바이오플라보노이드와의 차이점은 달리 카르티노이드는 지용성이라는 점이다. 라이코펜은 암을 예방하며 역시나 강한 항산화 작용을 한다. 주로 토마토에 많이 들어있다.

· 아스타잔틴

카르티노이드의 일종으로 새우, 게, 연어 등 동물의 붉은 색소에 많이 포함되어 있는데, 특히 먹는 자외선 차단제라는 별명이 있을 정도로 광노화 예방에 큰 도움을 준다. 지아잔틴, 루테인과 함께 조합하여 안구건강에 특화된 제품이 자주 출시된다.

· 글루타치온

글루타치온은 몸에서 자연적으로 합성되어 존재하는 매우 강력한 항산화제이며, 자체로 간 해독제이기도 하고 수 많은 물질대사에도 관여하는 그야말로 기적적인 물질이지만, 그 효능만큼이나 많은 말들이 나온다.

대표적으로 안 먹어도 몸에서 충분히 합성이 가능하므로 먹어도 효과 없다, 경구로 섭취할 시 흡수가 되지 않는다, 또는 공기 중에 산화되므로 낱개로 포장된 제품을 사야 한다 등등이다. 결론부터 말하자면 나는 설계가 잘 되어있는 논문[48] 근거와 설하정을 포함한 다양한 형태의 제품들을 직접 경험해보면서, 그렇지 않다고 본다. 글루타치온은 평균적으로 하루 180mg 정도 체내 합성된다고 한다. 그리고 수면시간이 부족하거나 미세먼지가 많은 환경, 스트레스를 받으면 소모량도 많고 합성에 저해를 받는다. 일반 고농도 제품을 경구 섭취시 용량에 따라 차이가 있지만 500mg 기준 글루타치온 증가량에 따른 세포 보유량의 그래프를 참고해보니 위장관의 흡수율은 30% 정도로 보인다. 그리고 나머지 양은 배출되면서 장내 균과 독소제거에 영향을 미친다. 내가 글루타치온을 복용하면서 가장 놀라웠던 점은 몸살이나 감기에 거의 걸리지 않게 되었다는 점이다. 환경상 사람들을 자주 접하다보니 매년 감기는 2~3차례 걸리게 되었는데 글루타치온을 섭취하고 나서는 거의 감기에 잘 걸리지 않게 되었다.

· 비타민C[49]

비타민C는 이왕재 박사의 메가도스 요법으로 인해 근 10년간 매우 인기가 많은 비타민 중 하나이다. 일단 **비타민C는 그 자체가 1,000mg 한 알당 ORAC 수치 1,890이라는 막강한 항산화능력을 가지고 있고, 콜라겐 합성, 도파민 합성에 필수적이다.** 그리고 적어도 많이 복용할 경우 대부분이 흡수되지 않고 배출되는 것으로 알려져있지만 과잉 시 부작용은 거의 없다. 그도 그럴것이 반수치사량 기준 소금보다도 3배 이상 안전한 물질이기 때문이다. 다만 너무 과량 복용 시 설사나 가스가 찬다는 말이 있고, 신장 결석이 잘 생기는 체질이라면 물을 많이 섭취해주고 섭취에 조금 더 주의할 필요가 있다.

• 알파리포산

알파리포산은 미토콘드리아의 효소작용을 도와 에너지 소비를 촉진해 체중을 감량하고 당뇨병성 신경증 치료에 효과가 있는 것으로 알려져있다. 또한 항산화 네트워크 작용을하는 5가지 성분의 한 가지로 당당히 한 자리를 차지하여 노화를 느리게 하는 데에 도움을 준다.

• MSM

MSM은 메탄설포닌메탄(Methylsulfonylmethane)의 약자로 쉽게 말하면 식이유황이다. 황 성분은 체내에서 모발, 손발톱, 인대, 뼈, 피부 등을 구성하는데 일반적인 식단으로는 매일 100mg정도씩 소실이 나는 것으로 알려져 있어 이를 보충하는 것은 젊은 외형 유지에 큰 도움이 된다. 또한 면역력 강화에 도움이 되며 1500mg 한 정에 대략 100원 정도의 가격으로 구매할 수 있어 가격은 저렴하지만 매우 훌륭한 보충제이다.

• Coq10, PQQ

코엔자임Q10은 지용성 조효소로 유비퀴논이라고 불리기도 하며, 세포

내 에너지생산의 중추가 되는 미토콘드리아의 ATP생산에 관여하고 산화된 비타민E를 다시 안정적인 형태로 되돌리는 항산화 역할을 수행한다. 특히 Coq10은 심장기능 강화에 도움이 되는 것으로 알려져있다. 체내 합성이 이루어지지만, 나이가 들수록 합성량이 감소한다. 자연식품으로는 소고기에 많이 함유되어 있다.

그리고 PQQ는 비교적 최근에 주목받고 있는 성분으로, 피롤로퀴놀린퀴논(Pyrroloquinoline quinone)의 약자이다. pqq는 자연식품으로도 극미량 섭취할 수 있으며 미토콘드리아 보호에 도움을 주는 것으로 알려져 있다. 따라서 최신 영양제는 미토콘드리아 개선 관련 유사한 역할을 수행하는 것으로 알려져 coq10 100mg과 pqq 10~20mg이 함께 조합되어있는 제품이 출시되고 있다.

· 커큐민

커큐민은 흔히 카레의 원료인 강황에서 추출된 항산화 성분으로 특히나 항염작용이 뛰어난 것으로 알려져있다. 다만 커큐민은 흡수율이 부족한 것이 흠으로 알려졌는데, 최근 다양한 회사들이 이를 개선한 제품을 출시하고 있다.[50]

· 피세틴

피세틴은 레스트라베롤과 마찬가지로 최근 주목받는 **세놀리틱(Seno-**

lytic) **영양제**이다. 세놀리틱은 세포로서 제 기능을 하지 못하여 사멸되어야 하는, 일명 좀비세포라고 불리는 노화세포들을 사멸시키는 개념을 말한다. 우리가 어떤 일을 수행할 때, 효율적으로 일을 해나가려면 방해꾼이 없는 것도 중요하다. 사실 우리 몸은 자연적으로 몸의 노폐물이나 오래된 세포 찌꺼기를 청소하지만, 역시나 나이가 들수록 신진대사가 떨어지면서 청소 능력도 자연스럽게 떨어진다. 추후 '안 먹어서 지키는 건강' 챕터에서 간헐적 단식을 하는 이유도 이와 같다. 자연적으로 일어나는 세포 청소를 극대화하기 위해서이다. 특히 피세틴은 쿼르세틴과 더불어 이러한 세놀리틱의 핵심 물질로 알려져 있다.

피세틴은 일반적인 영양제 섭취법과 다르게 미국 내 최고의 의료센터 중 하나인 메이요 클리닉의 **'힛앤런(Hit and Run)'** 방식의 섭취법이 효과적인 것으로 알려져있다. 힛앤런 섭취법이란 100mg짜리 피세틴을 하루 12~15알씩 2일에 걸쳐 섭취하는 것이다. 그러니까 나와 같이 하루 2끼를 먹는 사람은 매 식사 후(피세틴은 지용성이라 식후가 흡수에 유리하다) 7알씩 점심과 저녁으로 나눠 2일간 섭취하는 단기간 고용량 요법이다. 이 경우 세놀리틱의 효과가 극대화 된다고 알려져있으며 주기는 따로 정해져있지 않으나 통상 6개월에서 1년 정도가 적당한 것으로 보인다.

· 베르베린

베르베린은 여러 종류의 자연 식물에서 발견되는 천연 화합물로서, 일종의 허브 성분이다. 주로 금송화, 오레곤 포도에 많이 함유되어 있으며 예로부터 강력한 항염, 항균, 항진균 작용을 한다고 알려져 있었다. 그런데 최근

베르베린이 2형 당뇨병 치료제인 메트포르민 만큼이나 혈당 조절에 도움이 되고 인슐린 감수성을 개선시키는 연구가 알려져 주목을 받고 있다.[51]

　메트포르민은 2형 당뇨병 치료제로서, 1차 당뇨 치료뿐만 아니라 항노화에도 상당히 긍정적인 효과를 가져오는 것으로 유명하다. 메트포르민의 항노화 작용에 대해 아직 세부적인 기전이 모두 밝혀지지는 않았으나 혈당 강하 작용으로 인해 불필요한 인슐린 소모를 감소시키고 이로 인해 당독소를 줄임으로서 노화를 느리게 하는 것으로 추정된다. 참고로 《노화의 종말》저자인 데이비드 싱클레어 박사도 이러한 이유로 메트포르민을 매일 아침 1g씩 섭취하는 것으로 알려져있다.

　베르베린은 메트포르민과 비교해보자면 혈당 강하 작용은 메트포르민보다는 다소 떨어지지만 메트포르민이 단일성분인데 반해 베르베린은 복합적인 화합물로서 또 다른 여러가지 작용이 있는 것으로 보인다. 그래서 일부 콜레스테롤의 개선, 체중 감량, 항암 효과에도 다소 영향을 줄 수 있는 것으로 알려져있다. 베르베린은 메트포르민과 같이 혈당을 감소시키는 작용뿐 아니라 부작용도 비슷한데, 과량 섭취 시 위장 장애, 두통 등이 유발될 수 있다. **중요한 점은 메트포르민은 의사의 처방이 필요한 당뇨병 전문 치료제이며, 베르베린은 영양제와 같이 처방전 없이 섭취가 능한 건강보조식품으로 섭취할 수 있다는 점이다.** 베르베린의 적정섭취량은 500~1,000mg이다.

・ 징코빌로바(Ginko Biloba)

은행나뭇잎 추출물인 징코빌로바는 혈액순환에 도움을 주는 것으로 알려져있으며, 모세혈관과 뇌로 가는 혈류를 증가시켜 인지능력 개선에 도움을 줄 수 있는 영양제로 알려져있다. 특히 원인을 알 수 없는 이명이나 난청 증세에도 효과가 있는 것으로 알려져 보조영양제로 처방되기도 하며 유효 성분이 플라보노이드 자체로서 항산화작용을 하기도 한다. 60~240mg 복용량 내에서 안전하게 사용할 수 있는 것으로 알려져 있지만, 혈액 응고를 저해하는 작용이 있어서 항응고제 및 항혈소판제를 복용하는 사람은 섭취에 주의가 필요하다. 징코빌로바의 적정섭취량은 120mg이다.

• TUDCA(타우로우르소데옥시콜산)

TUDCA는 TauroUrsoDeoxyCholic Acid의 약자로, 쉽게 말하자면 타우린 아미노산에 우루사의 주성분인 우르소데옥시콜산(UDCA)이 결합된 형태의 물질이다. 타우린이 결합되었기 때문에 수용성이 높아져 생체이용률은 더 높다. 용량은 TUDCA의 성분이 한 캡슐당 250mg이라면, 대략 50mg은 타우린이 차지하고 나머지 200mg이 우르소데옥시콜산이라고 보면 된다. 기본적으로 우르소데옥시콜산은 간 보호에 탁월한 것으로 유명한데, 특히 고지방식이나 육식 위주의 식사를 할 때, 지방을 유화시키는 담즙산의 흐름을 촉진시키고 일부는 그 자체로 담즙산의 구성성분이 되기도하여 전반적인 담즙의 질을 개선시킴으로써 **지방의 소화 및 흡수 과정에 도움이 된다.** 따라서 저탄고지식이를 적극 실시하고 있는 나의 경우에는, 매일 250mg씩 1캡슐을 영양제 형태로 섭취하고 있다.

단백질 보충제

　우리나라도 소위 몸짱 문화가 정착하면서 헬스장, 각종 보충제 시장의 규모가 매우 커졌다. 그리고 그 중에서 닭가슴살을 비롯하여 단백질 보충제 시장 또한 매우 발전하고 규모가 커졌는데, **근육을 키우는 것에만 포커스를 두지 않고 건강을 지키는 차원에서도 우리는 단백질 보충제를 매우 유용하게 활용할 수 있다.** 간헐적 단식을 하게 되면 필연적으로 단백질 섭취량이 줄기 때문이다. 따라서 단백질을 추가 보충해야 하는데 종류가 너무 많고 wpi, mpc 등 공부하지 않으면 알기 어려운 이름의 원료가 거론된다.

　먼저 알아야 할 점이 단백질원은 굳이 자연식품에서 찾을 필요는 없다. 탄수화물과는 달리 단백질은 빠르게 흡수되건 느리게 흡수되건 혈당이 오르는 것과는 달리 몸에 별다른 무리를 주지 않기 때문이다. 따라서 나는 보관과 섭취가 용이한 단백질보충제를 주로 섭취한다. 먼저 단백질원은 꽤 다양한데 실제로 대중적인 것은 식물성 단백질인 콩에서 추출한 분리대두단백과 우유에서 추출한 유청단백질이다. 그런데 근합성에 필수적 bcaa의 **아미노산의 함량이나 구성비가 유청단백질이 훨씬 우세하다.**

따라서 둘을 혼합한 제품이 나오는 것은 상관없으나, 유청단백질이 주가 되어야 한다. 따라서 이를 위주로 설명하겠다.

유청단백질은 사실 치즈를 만들고 맑게 뜬 물을 농축한 것인데 원물 그 자체를 wpc(whey protein concentrate)라고 한다. 그리고 그 wpc에서 유당을 제거하고 단백질 함량을 한 번 더 농축시킨것을 wpi(whey protein isolate)라고 한다. wph는 소화에 중점을 둔 제품이라(순수 단백질함량은 오히려 wpi보다 낮다) 이유식 등에 적합한 것이지 운동인의 목적에 적합한 원료가 아니므로 생략한다. 그리고 요새는 배보다 배꼽이라고 치즈 부산물 취급이었던 유청이 더 비싸지다보니 아예 우유 자체를 농축한 mpc(milk protein concentrate)원료가 나오고 있다. 심지어 가격도 더 저렴하다. 여기서 wpi와 마찬가지로 유당을 제거하고 단백질 비율을 올린 mpi(milk protein isolate) 제품이 나오고 있다. 나는 개인적으로 유당불내증은 없지만, 노화와 관련하여 유당이 그다지 좋은 효과를 주지 않기에[52] wpi와 mpi제품만을 비교하여 장단을 분석해보았다.

wpi는 말 그대로 유청단백질만 100%라 흡수도 빠르고 소화기관에 전혀 무리를 주지 않아 최고의 선택이라 할 수 있다. 그리고 mpi는 유청단백질 20%, 카제인단백질 80%라 카제인 특유의 느린소화, 흡수로 인해 약간의 더부룩함이 있을 수 있다.. 다만 반대로는 포만감이 있어 공복에는 유리하다. 그런데 개인적으로는 wpi를 더 선호하는 이유가 카제인단백질은 그 자체가 장건강에 좋지 않다는 이론이 있다. 이른바 장누수증후군 환자에 있어서는 카제인 단백질(특히 A1 형태)이 밀가루의 글루텐과 같은 부작용을 가지고 있다는 것인데,[53] 이 부분에 대해서는 아직 명확한 결론은 나지 않았다. 그러나 실제로 내가 직접 느껴보니 별다른 부작용은 없으나 속이 더부룩함은 wpi보다 확실히 있다고 느껴졌다. 이는 카제인 단백질의 영향 때문이라고 본다. 단백질 종류 이외에 부수적으로 따져봐야 할 것은 어떠한 감미료를 쓰는지[54] bcaa의 양은 얼마나 되는지와 식이섬유의 함량은 어느 정도인지[55]이다. 나의 경우 시간이 없거나 휴대용인 경우 '더버프 소다'라는 캔에 든 음료수 프로틴을 먹고 있다. 특징은

1. 맛있다.
2. 먹기 간편하다.
3. 성분이 괜찮다.(순수 wpi 단백질 15g, 식이섬유 2.4g 포함)
4. 감미료 구성이 괜찮다.(에리스리톨 사용, 아스파탐 프리)

아쉬운 점은 제품이 단종될 수도 있다는 점인데, 마이루핏이라는 인터넷 쇼핑몰에서 '소다'를 검색하여 회원가로 구매하면 저렴하게 구입이 가능하다. 그리고 일반 단백질 보충제로서는 캘리포니아 골드 뉴트리션(California Gold Nutrition)사의 무맛 wpi 섭취한다. 맛은 조금 밍밍할 수 있으나 기본적으로 인공색소, 향료, 감미료가 첨가되어있지 않은 순수 분리유청인데다가 글루텐프리, GMO프리, 인공성장호르몬인 rBGT(rBST)에서까지 자유롭기 때문에 초특급 원료 그 자체라고 할 수 있다. 전문 운동인들은 순수 단백질 보충을 위해 이 보충제를 물에 태워 마셔도 되지만, 나는 저탄고지와 식사대용 목적도 있으므로 A2우유 200ml, 분말 락타아제(유당분해효소), 버터 10g(프레지덩 포션)을 이 보충제와 섞어마신다. 그리고 평소에 자주 이렇게 섭취하므로 2.27kg(5lbs) 보충제에 뉴트리코스트 락타아제 분말 500g을 미리 섞어놓는다. 그리하여 **유당 제**

거, A1카제인 단백질 제외로 완벽에 가까운 단백질 보충제를 만들어 섭취하고 있다. 우유를 고르는 방법과 버터에 대해서는 추후 장에서 따로 구체적으로 다뤄본다.

운동 보충제

· 크레아틴

크레아틴(Creatine)은 운동의 퍼포먼스를 올려주는 입증된 보충제로,[56] 만약 단백질보충제 외에 **단 하나의 운동 보충제를 사용하라면 이것을 쓸 것이다.** 크레아틴은 사실 인공적으로 만들어진 물질이 아니고 동물의 근육 체내 합성되는 물질이다. 주 역할은 순간적인 에너지를 내는 ATP(아데노신3인산)가 인산을 방출하여 ADP(아데노신2인산)이 될 때, 이를 다시 ATP로 빠르게 바꿔주는 역할을 한다. 그러므로 크레아틴은 고강도 운동에 적합한 보충제이다. 크레아틴 로딩 방법은 두 가지 방법이 주로 알려져 있는데, 빠른 흡수를 원할 경우 하루 3번에 걸쳐 20g씩 일주일가량 섭취하는 방법이 있고, 일반적인 방법인 3g씩 한 달에 걸쳐 섭취하는 방법이 있다. 두 방법 모두 효과는 비슷한 것으로 알려져 있다.

- HMB[57)]

HMB는 베타-하이드록시-메틸부티레이트(beta hydroxy beta-methyl-butyrate)의 약자로, 보디빌딩의 전설 로니콜먼이 섭취한 운동 보조제로 알려져있다. HMB는 아미노산인 류신의 대사 산물로서 류신 섭취 시 5% 정도만이 전환된다고 하며, HMB의 추가 보충이 근육량의 증가뿐만 아니라 유지에도 효과적인 것으로 알려져있다. 과거에는 제조 방법등의 이유로 가격이 비싸서 부담이 있었지만, 최근에는 많이 저렴해졌다. 하루 권장 섭취량은 3g이다.

- 베타 알라닌[58)]

베타 알라닌(Beta-alanine)은 체내에 다량 존재하는 아미노산인 히스티딘과 결합하여 카르노신(Carnosine)을 합성한다. 그리고 체내 합성된 카르노신은 운동 중 발생하는 피로 물질인 '젖산'의 산도 조절 기능을 담당하게 된다. 따라서 **카르노신이 체내에 충분하다면 근지구력을 개선시키고 운동 수행 능력을 증가시킬 수 있다.**

그런데 일반적으로 카르노신의 직접 복용은 소화과정에 의해 흡수율이 낮은 것으로 알려져 있는데, 이 때문에 중간 재료인 베타 알라닌을 섭취하는 것이 체내 카르노신을 증가시키는 데에 효과적인 것으로 알려져있다. 그런데 **카르노신은 운동 보충제로서의 용도 이외에도 튀긴 음식 등에서 많이 생성되어 노화를 촉진하는 성분인 최종당화산물(AGEs)의 감소에도 효과적인 것으로 알려져 있다.**[59)] 특이한 점으로는 섭취 시

5~10분 정도 피부 따끔거림이나 찌릿함이 있을 수 있으나 해로운 것은 아니라고 한다. 하루 권장 섭취량은 3g이다.

호르몬 보충 요법

· DHEA

DHEA는 성호르몬 전구체 물질이다. 노화가 진행된 50대 이상의 사람에게 DHEA의 보충은 성호르몬으로의 전환을 원활하게 하여 이를 보충할 경우 느껴보지 못한 기력과 함께 기분 또한 매우 젊어지는 느낌을 받는다고 알려져 있으며, 이 때문에 한때 상당히 유행했던 영양제이다. 남성의 경우 테스토스테론의 수치의 상승을, 여성의 경우 에스트로겐의 상승을 이룰 수 있으나 DHEA의 경우 성호르몬의 직접적인 전구체이다보니(과다하면 전환 경로가 성호르몬밖에 없다) 유사 스테로이드성 부작용이 일부 있을 수 있다는 논의[60]에 따라 **현재 우리나라 식약처에서 통관금지 성분**으로 등록된 바 있다.[61] 이 성분은 특히 난임 여성의 과배란 유도를 촉진한다고 하여 난임센터에서 전문의 판단하에 처방받는 경우가 있다고 한다.

• 프레그네놀론

프레그네놀론은 DHEA의 한 단계 더 전구물질로서 DHEA로의 전환과 코르티솔과 같은 신경호르몬으로서 전환이 가능하고 이 점 때문에 특히나 기억력이나 인지 개선에 있어 상당히 효과적인 보충제로 알려져있다. 코르티솔은 기억력과 밀접한 관련이 있는데, 일부 잘못 알려진 것처럼 코르티솔이 스트레스 호르몬이어서 줄여야 하는 것이다라는 등의 주장이 있는데 분명 과다할 경우 문제가 되기도 한다, 그런데 수치가 낮으면 오히려 항상 피곤, 무기력하고 회복이 느려지고 뇌기능이 감소한다. 적당한 운동을 하면 오히려 코르티솔이 증가하는데 이상하지 않은가? 이 부분은 추후 '운동으로 지키는 건강' 편에서 더 구체적으로 다룬다.

어쨌든 프레네그놀론의 하루 평균 체내 생산량은 14mg 정도라고 알려져있고, DHEA와는 달리 통관금지 물질로 등록되지 않으며 부작용 또한 거의 없는 것으로 알려져있다. 이를 보충시 DHEA만큼 직접적이지는 않지만 전반적인 호르몬 레벨을 한 단계 더 상승에 기여하는 것으로 알려져 있으며 이러한 효과는 특히 나이가 더 많은 계층일수록에서 더 효과적인 것으로 알려져 있다. [62] 용량은 10mg, 25mg, 50mg, 100mg으로 나눠져 있고 처음 복용한다면 나이에 맞게 저용량부터 기간을 두고 복용하는 것이 바람직할 것이다.

콜레스테롤은 프레그네놀론을 합성하고, 이것을 시작으로 알도스테론, 코르티졸, 성호르몬까지 합성한다. 프로그네놀론이 가히 부신호르몬의 어머니라고 불릴 만하다. 해당 표에는 생략되었지만 비타민D도 콜레스테롤로 체내 합성된다.

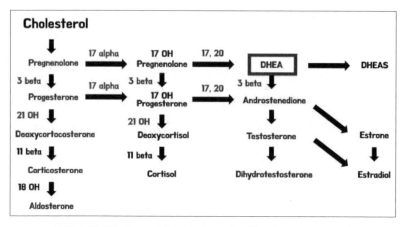

[콜레스테롤(Cholesterol)에서 파생된 프레그네놀론(Pregnenolone)이
다양한 호르몬으로 합성되는 과정의 도표]

· 비타민D

비타민D는 지용성 비타민으로 분류되지만 분자구조가 독특한 것으로
유명한데, 일반적인 비타민의 분조구조와는 달리 깨진 오각고리 형태의
스테로이드 물질과 유사한 구조를 가지고 있다. 때문에 **비타민D 농도가
부족하면 남성호르몬 수치도 같이 낮아지는 강한 비례의 관계가 있는 것
으로 알려져있다.** 그래서 병원에서는 남성호르몬의 수치를 측정할 때 비
타민D 수치와 같이 측정하는 경우가 많으며, 비타민D 수치가 낮은 경우
비타민D를 충분히 섭취하면 테스토스테론 수치도 덩달아 오르는 경우가
자주 관찰된다.[63] 뿐만 아니라 폐경기 여성에게서도 에스트로겐 수치를
증가시켜 골밀도 감소에 큰 기여를 하므로, 갱년기의 남성과 여성에게 꼭
필요한 회춘 비타민이라고 할 수 있다.

포화지방에 대한 오해

지방의 종류는 크게 포화지방, 불포화지방으로 나뉜다. 그리고 포화지방은 분자사슬의 수에 따라 **단쇄**[64](6개 이하), **중쇄**[65](6~12개 이하), **장쇄**[66](12개 이상)로 또 다시 분류할 수 있다. 불포화지방산도 더 나누자면 **단가**(오메가9[67]), **다가**(오메가3[68], 오메가6[69])로 분류할 수 있다. 대체로 포화지방은 소고기, 돼지고기 등 동물성 식품에 많이 함유되어있고, 콩기름, 참기름등 불포화지방은 식물성 기름에 많이 함유되어 있다.

여러분들 중 대다수는 포화지방은 나쁜 놈이고 불포화지방은 좋은 놈 정도로만 알고 있을 것이다. 병원에 가면 의사들도 포화지방이 콜레스테롤 수치를 올리기 때문에 나쁜 기름이라서 가급적 피하라고 강조한다. 그런데 이 말은 사실일까? **포화지방은 정말 나쁜 기름일까?** 최근 10년 전부터 이러한 이론은 의심을 받고 있다. 마치 계란 노른자가 콜레스테롤을 증가시키므로 되도록이면 먹지말라고 했던 말들이 점점 거짓이라고 알려지는 것처럼 말이다.[70] 그나마 저지방식사의 실체를 지적하고 저탄고지 식사를 하는것이 건강에 훨씬 이롭다는 내용이《최강의 식사》의 저자 데이브 아스프리(Dave Asprey)에 의해 대중들에게 많이 알려졌다. 그리고 통계[71]는 명확히 말해준다. 미국의 저지방식단의 전성기는 1980년 대인데 그 이전인 1970년 제2형 당뇨환자 비율은 2% 미만이라고 알려졌다. 그러나 이 시기를 지나서 **단 40년 만에 제2형 당뇨병 환자는 7%대로 폭증하고 만다.**[72] 이 기간동안 전체적인 식단의 구성[73]이 우유, 계란, 버터 섭취 비율이 감소하였고 알곡, 과일류의 섭취비율은 증가하였으며, 특이한 점은 식물성 기름의 섭취량은 그 사이 2배 가까이 증가했다는 것이다. 또한 전체적으로 지방의 섭취량은 줄었는데, 특히나 포화지방의 섭취량이 크게 감소하였다. 그러면서 **그 공백은 곡류의 탄수화물과 식물성 기름의 지방으로 상당 부분 채워지게 된다.** 그리고 이렇게 식단의 구성이 바뀌는 동안 놀랍게도 관상동맥 등 심혈관 질환 관련 사망자도 줄기는 커녕 계속해서 증가해왔다는 점이다![74]

아직까지 우리나라는 아니지만, 미국에서는 이미 이러한 사실이 많이 알려지면서 포화지방이 심혈관계에 좋지 않다고 하면서 버터나 치즈, 동물성기름 등의 섭취를 줄이게 하는 공포 마케팅은 예전보다 사라지고 있다.[75] 또한 대중적인 방송으로 어느정도 알려진 사실인데, 종교적인 이유로 일평생 규칙적인 생활과 육식을 하지 않고 채식과 곡물 위주로 식사하는 스님들의 경우에 중풍을 앓거나 오히려 평균보다 이른 나이에 당뇨, 고혈압과 고지혈증을 진단 받는 경우가 많다.[76] 건강한 채식을 주로 섭취한 결과가 이렇다면, 단순 노화증상이라고 보기에는 정말 이상하다고 생각되지 않는가? 어쩌면 우리가 건강식이라고 생각하던 것들이 사실은 건강을 부수고 있는 것일수도 있다.[77]

어쨌든 **나는 채소를 섭취하는 것을 나쁘다고 말하고자 하는 것이 아니다.** 그런데 '채소만' 먹거나 채식 위주의 식생활은 곡류, 즉 탄수화물의 섭취를 필연적으로 증가시킬 수밖에 없고, 고기에 풍부한 단백질과 포화지방의 섭취가 제한될 수밖에 없다. **특히 포화지방이 부족하면 성호르몬이 제대로 만들어지지 않고 면역력은 감소하며 뇌기능도 저하[78]되고 피부의 건강은 엉망이 된다** 이런 상태에서 콩, 옥수수, 해바라기씨, 쌀 등 곡류 기반의 식물성 기름 남용은 여러분의 체내 오메가6 함량을 폭발적으로 증가시켜 무너진 오메가3, 6 지방산 밸런스로 인해 온몸 구석구석 염증 반응을 일으키게 될 것이다. 포화지방은 말 그대로 탄소원자에 더 이상 수소원자가 결합할 수 없기 때문에 포화지방이라고 부르며, 덕분에 불포화지방산에 비해 산패에 매우 강하고 안정적이다. 나의 경우 이러한 이유로 포화지방은 별로 신경 쓰지 않고 충분히[79] 섭취하지만, 식용유에 다량 포함된 오메가6, 마가린과 같은 가공유지의 트랜스지방만큼은 적게 섭취하기 위해 주의하며 섭취하고 있다. (이 부분은 추후 오메가3와 식용유장에서 다시 자세히 다룰 것이다.).

콜레스테롤에 대한 오해

콜레스테롤에 대한 많은 오해가 있다. 통상 좋은 콜레스테롤로 알려진 HDL(High-Density Lipoprotein)과 나쁜 콜레스테롤로 알려진 LDL(Low-Density Lipoprotein)에 대한 이야기이다. 이 콜레스테롤들을 이렇게 이분법적으로만 볼 것이 아니다. 유전적으로 콜레스테롤은 사람마다 타고난 기본적인 수치가 있지만, 그 수치가 오르거나 내리는것은, 몸에서 어떠한 이유가 있기 때문이다. 근본적으로 **콜레스테롤은 체내에서 80% 합성되고, 나머지 20%정도만 외부 식사에 의해 영향을 받는 사실을 알고 있어야 한다.**

간헐적 단식을 하는 이유는 오토파지, 즉 노화세포를 청소하여 젊고 오래 살기 위함이다. 그런데 간헐적 단식을 하게되면 LDL수치가 오른다.[80] 그 이유는 **케톤체**라는 지방산을 에너지원으로 쓰면서 이를 운반하는 역할인 콜레스테롤들이 더 많이 필요해지기 때문이다. 그러니까 **저탄고지를 하면 포도당 기반의 에너지원이 줄면서 평균 혈당수치가 낮아지고, 당화혈색소 수치도 개선된다는 뜻이다.** 그러면 LDL이 올라서 걱정이 되겠지만 최신 연구에 따르면 ldl은 200이 넘지 않으면 심장질환 발병률의 증가에 큰 일관성이 없음이 밝혀지고 있다.[81] 이 부분에 대해서는 추후 '안 먹어서 지키는 건강' 편에 있는 '간헐적 단식과 저탄고지식' 장에서 더 심층적으로 다룬다.

저탄고지, 탄수화물 섭취를 줄여라

저탄고지 식이로 바꾸게 되면 자연스럽게 고기 위주의 식사를 하게 되는데 여기서 주의할 점은 **절대 소금 섭취량을 줄여서는 안 된다는 것이다.** 상식적으로 생각해봐도 알 수 있듯이, 위산은 염산(HCl)성분이고, 염산의 주 원소인 염소(Cl)는 소금의 염화나트륨(NaCl)에서 나온다. 그리고 위장에서 분비되는 펩신이라는 소화 효소가 단백질을 분해하는데, 펩신은 PH2라는 강한 산성 환경에서 가장 활성화가 된다. 그러니까 **저탄고지를 하면서 충분히 소금을 섭취하지 않으면 소화도 잘 안 되고 오히려 몸에 무리가 가게 되는 것이다.** WHO에서는 하루 5g 미만의 나트륨 섭취를 권장하는데 저탄고지식이를 하지 않는다고 하더라도 정말 납득이 되지 않는 수치다. (이 부분은 미네랄의 소금 및 칼륨 파트에서 구체적으로 다루었다)

결론은 **저탄고지 식이 시 하루 12~14g 정도의 충분한 소금 섭취를 권장한다.** 이론과 나의 경험에 따른 산출이 와닿지 않는다면, 직접 테스트해보고 본인의 체중과 컨디션에 맞춰 어떤 느낌을 받는지 직접 이해해보는 것이 좋은 방법이 될 것이다. 그리고 탄수화물을 적게 섭취하면 힘이 잘 나지 않을 것이라고 의문을 가지는 사람들이 많은데, 전혀 그렇지 않다. 오히려 식곤증이 오거나 나른해지는 경우가 발생해 컨디션이 들쭉날쭉해지는 불안정한 탄수화물 기반의 식사보다, 케톤체를 생성하여 훨씬 안정적으로 에너지를 공급하는 포화지방[82] 기반의 식사가 꾸준히 좋은 컨디션과 맑은 정신을 유지하게 해주는 것을 느낄 수 있을 것이다. 사실 처음부터 완벽하게 식사 구성을 바꾸기는 쉽지 않은데, 본인도 처음에는 밥 양을 점차 줄여나가면서, 줄어든 칼로리만큼을 야채와 고기로 메꾸어 나가기 시작했다. 그리고 현실적인 사회 생활을 하는데 너무 완벽하게 탄수화물을 먹지 말아야 한다는 생각을 할 필요는 없다. **군것질이나 카페라떼, 스무디 같은 것부터 줄여나가면서 식사도 곡류 대신 야채와 육류 위주로 바꿔나가면 된다.**[83] 나의 경우도 실제로는 당류를 포함하여 하루 기준 밥 한 공기 반 조금 안 되는 양의 탄수화물을 섭취하고 있다. 그리고 이렇게 식사를 저탄고지 형태로 구성을 바꾸어가는 동안, 다시 한번 말하지만 나트륨은 충분히 섭취해주어야 한다.

현재 안타까운 점은 종교적인 이유 또는 환경보호라는 가치관이 더 중요해서 육류를 섭취하지 않는 사람들이 있는데, 비록 아직까지는 인공배양육 시장이 활발히 상업화되지 못하고 있지만 아마 가까운 미래에는 가격도 저렴하면서 실제 고기와 똑같은 맛과 영양프로필을 가진 인공배양육이 등장하게 될 것이다.[84] 그리고 만일 그런 시대가 도래한다면 나도 적극 동참하고 이를 활용할 것이다.

당뇨

당뇨 치료에 핵심이 되어야 할 물질은 아연이다. 당장 인슐린의 분자 구조만 보면 알겠지만 **아연이 없으면 인슐린이 만들어지지 않는다.** 또한 인슐린과 결합한 수용체를 분리시켜주는 IDE(Insuline Degrading Enzyme)라는 효소도 만들 수 없다. 모두 아연 원자가 있어야 생산이 가능한 것들이기 때문이다.[85]

먼저 인슐린은 췌장의 베타세포에서 만들어진다. 당뇨는 크게 1형 당뇨, 2형 당뇨로 나뉜다. **1형 당뇨**는 어떤 이유에서건 췌장의 베타세포에서 인슐린이 분비되지 않는 급성질환이다. 따라서 나이, 체형과는 큰 관련이 없다. 소아도 경우에 따라 발생할 수 있다. **2형 당뇨**는 인슐린은 정상적으로 분비되나, 수용체에 문제가 생겨 혈당이 떨어지지 않는 병이다. 주로 노화나 비만에 의해 발생한다. 그리고 **1.5형 당뇨**는 이 두 가지의 특성이 섞인 것으로 정식 진단명은 아니다. 통상적으로 1형 당뇨는 급성질환으로 즉시 병원에 가서 치료를 받아야 하는 것으로 이곳에서는 주로 2형 당뇨에 대해 다룬다. 2형 당뇨에 해당할 경우 각종 무시무시한 합병증과 함께 기대 수명은 약 5~6년이 감소한다고 알려져있다.[86] 노화 또한 급속도로 진행된다.

그런데 우리나라는 유독 아연에 대한 언급이 없다.《당뇨병, 아연으로 혈당을 낮춰라!》의 저자 가사하라 도모코(Tomoko Kasahara)는 2형 당뇨 치료에 있어 아연의 중요성에 대해 언급하면서 당뇨약 시장은 계속 커지는데 정작 당뇨를 완치시키지도 못하고, 평생 복용해야 하며 근본을 해결치 못한다고 아연의 당뇨 근본 치료 원리로 책 한 권을 썼을 정도이다. 나의 생각도 저자와 동일하다. 먼저 사람은 기계가 아니다. 인슐린 저항성으로 순수한 2형 당뇨라는 것은 존재하지 않는다고 본다. 재료(아연)가 없어 인슐린의 생산에 문제가 생기는 1.5형적인 요소가 섞여있다는 것이다. 또한 식곤증은 당뇨의 전조단계이다. 밥을 먹고 졸린 것은 통상 당연한 일이지만, 일상생활에 지장을 줄 정도가 된다면 식곤증이라고 본다. 식곤증의 이유에 대해서도 여러가지 가설이 있는데, 나는 고혈당 상태가 되거나 인슐린을 제대로 분비할 수 없는 환경이 되면 그 기능에 집중하기 위해 몸이 강제 휴식모드로 들어가는 것이라고 추측한다.[87]

또 다른 2형 당뇨 치료를 돕는 핵심 미네랄 성분은 바나듐과 크롬이다. **바나듐**은 합금, 촉매 등의 산업적 이용에 있어서도 매우 중요한 미네랄이지만 생물학적으로도 필요성이 널리 알려지고 있다. 특히 바나듐은 포도당 조절 및 글리코겐 합성을 억제하는 효과가 있어 혈당 강하 작용으로 인해 당뇨병 치료를 돕는다는 것이 알려져있다.[88] 바나듐의 이러한 작용은 인슐린과 흡사한 것으로 보이는데, 그래서 일부는 바나듐이 인슐린 유사물질로 작용하는 것이 아닐까 추측하기도 한다. 동물실험에서는 닭이나 쥐에게도 바나듐을 결핍시키면 생장이 늦어지는 것이 확인되고 인간에게도 바나듐은 필수 미량 미네랄이지만 아직도 정확히 어떤 기전으로 작용하는지는 밝혀지지 않았다. 특히 당뇨인 커뮤니티에서 아래에 소개할 크롬과 함께 복용 시 평균 혈당이 10~14% 정도 떨어졌다는 후기가 종종 관찰된다.

크롬은 도금으로 유명한 금속이지만, 반대로 유해한 중금속으로도 악명이 높은데, 그것은 한 번쯤 들어봤을 6가 크롬 때문이다. 크롬은 크게 2가, 3가, 6가 크롬이 존재하는데, 이 중 3가 크롬은 생체 내에서 유용하게 사용되어 결핍 시에는 오히려 인슐린 저항이 생길 수 있고 고혈당, 당 불내성 상태를 야기할 수 있다고 알려져있다.[89] 6가 크롬이 1급 발암물질인 것에 비교해본다면 3가 크롬은 인체에서 작용이 완전히 반대로인 것이다. 특히 현대인들에게 급증하는 당뇨에 있어 크롬(3가)이 당 대사 과정에 여러 유익한 작용을 돕다보니, 바나듐과 함께 크롬을 찾는 사람들이 많아졌다. 하지만 크롬은 흡수율이 낮기 때문에 이를 개선하고 안정화 처리까지 한 폴리니코틴산(GTF) 또는 피콜리네이트 처리한 제품을 찾는 것이 중요하다.

감미료는 나쁜 것인가?

감미료는 당뇨병 문제에 직면해있는 현대인들에게 빛과 같은 존재이다. 감미료가 나쁜 것인가에 대해서 결론부터 말하자면 당연히 안 먹는 것보다는 몸에 좋은 영향을 주지 않는다. 그런데 통상적으로 설탕, 과당(더 나쁘다)보다는 10배, 혹은 그 이상의 건강상 이점이 있다고 본다. 당류 없이 매우 미량으로 단맛을 내기 때문이다. 내가 일반음료를 마시는 것보다 제로 음료를 마시는 게 10배 이상 건강에 이점이 있다고 주변 사람들에게 이야기하고 다니는 것도 그 이유 때문이다. 또한 감미료도 종류가 다양하다. 대표적으로 사카린, 아스파탐, 아세설팜칼륨, 수크랄로스, 에리스리톨, 알룰로스등이 있다. 단위 g당 단맛의 감도 차이가 있고, 신체에 끼치는 영향은 있지만 그 수준은 하루 10캔 이상의 제로 음료를 마시지 않는 이상 거의 영향을 주지 않는다고 본다. 다만 모든 감미료가 그러하다는 것은 아니고 특정 감미료는 조심할 필요가 있는데 그 감미료에 대해서는 후술하겠다.

아래는 감미료별 특성을 간략히 정리한 것이다. 참고로 당도는 같은 양의 설탕 대비의 개념이다. 일반적으로 당도가 100배 이상이 넘어가는 합성감미료는 아주 적은 양으로도 극한의 단맛을 내므로 가정용으로는 사용하지 않고 식품 산업에서 주로 사용한다.

- 수크랄로스: 당도 600배, 일일허용치 0.9g
- 아스파탐: 당도 200배, 일일허용치 2.4g
- 아세설팜칼륨: 당도 200배, 일일허용치 0.9g
- 사카린: 당도 300배, 일일허용치 0.3g
- 스테비아: 당도 300배, 일일허용치 0.24g
- 자일로스: 당도 0.4배, 설탕의 흡수를 방해
- 알룰로스: 당도 0.7배, 일일허용치 54g
- 자일리톨: 당도 1배, 일일허용치 10g
- 에리스리톨: 당도 0.7배, 일일허용치 50g
- 말티톨: 당도 0.9배, 그런데 **말티톨은 혈당지수가 설탕과 크게 다를 바가 없다.**[90]

말티톨을 제외하고서도 이 중에서 가급적 피해야 할 감미료는 아스파탐이라고 본다. FDA에 따르면 식품첨가물 부작용의 75% 이상을 아스파탐 혼자서 차지한다고 한다.[91] **아스파탐은 대사과정에서 40%의 아스파르트산, 50%의 페닐알라닌, 10%의 메탄올로 분해된다.**[92] 이 중 페닐알라닌과 메탄올은 대사되어 공간인식 능력, 기억 저하, 우울감 등의 전반적인 뇌기능에 부정적인 영향을 미치고, 이는 특히 비교대조군의 허용치 내에서도 함량이 증가할수록 그 정도가 심해지는 유의미한 차이를 보였다.[93] 그나마 페닐알라닌은 적정량이 체내에 있을 경우는 상관없지만, 과량 섭취할 경우에나 뇌 기능에 문제될 수가 있는데 메탄올은 알다시피 체내에서 포름알데히드로 변환되어 그 자체로서 발암, 실명, 그리고 사망을 초래하는 독극물이다. 때문에 메탄올의 일일 최대허용량은 체중 1kg당 0.5mg밖에 되지 않고 매우 소량에서도 시력이나 신기능 및 내장에 악영향을 줄 수 있다.

또한 에리스리톨의 경우 섭취량이 많을수록 심장마비의 가능성이 높아진다는 논란이 최근 퍼지고 있는데, 해당 근거는 2023년 2월27일 네이처 메디슨(Nature Medicine)지에 게재된 논문에서부터 시작된 것으로 보인다.[94] 나의 결론부터 말하자면 해당 논문을 위 이슈의 근거로 사용하기에는 부적절하다고 본다. 왜냐하면 그 논문 주제는 사실 '**혈관이 손상된 사람들**에게서 에리스리톨 혈중농도가 높을수록 혈전형성이 유발될 수 있다'에 대한 연구이기 때문이다. 또한 통제변인이나 섭취 비교대상도 없는 단순 관찰 연구로서 얼마든지 전혀 다른 결과가 도출될 수 있는 논문이기 때문이다. 에리스리톨은 사실 과일류와 같이 자연식품에도 소량 함유되어 있는 천연 당 알코올인데, 위 논문은 과일을 많이 섭취하여 혈중 에리스리톨 농도가 높은 것인지 아니면 인위적으로 추출한 에리스리톨을 섭취하여 혈중 에리스리톨 농도가 높은 것인지 구분이 없다. 말 그대로 단순히 관찰한 연구라는 것이다. 그러니까 과일을 많이 먹고 비만해졌다든지, 아니면 사실 알고 보니 과일에 다량 포함된 과당이 영향을 더 많이 준 것인지 알 방법이 없다. 그래서 이런 류의 논문들은 얼마든지 다른 결과가 도출될 수 있고, 신뢰도가 낮아 참고용인 수준이다. 그런데 이런 논문 한 편을 가져와서 별도의 검증 없이 기사를 써 버리니까 오해가 생기는 것이다. 이와는 별개로 2형 당뇨인들을 대상으로 무려 투여량과 혈중농도에 따른 에리스리톨의 혈관벽 기능과의 관계라는 논문도 존재하는데,[95] 비교대상과 통제변인이 있어 훨씬 설계가 잘된 이 연구에서는 에리스리톨이 고혈당 환경에서 혈관벽을 보호한다는 결과가 도출되기도 하였다. 그래서 주제에 맞지 않는 관찰연구 논문 하나만을 두고서 에리스리톨의 섭취와 심장마비의 관계가 있다는 주장은 상당히 근거가 떨어지는 것으로 판단된다.

따라서 나는 아스파탐이 포함된 제료음료는 가급적 거의 안 먹지만 에리스리톨 음료는 전혀 피하지 않는다. 그리고 성분표를 잘 찾아보면 같은 콜라 내에서도 코카콜라 제로는 아스파탐이 포함돼 있지 않고, 펩시콜라 제로는 아스파탐이 포함된다. 또한 막걸리도 프리미엄 생막걸리를 제외하면 거의 다 아스파탐이 들어간다. 따라서 모두 다 피하기 쉽진 않겠지만 가급적 아스파탐이 들어간 식품은 줄이는 게 좋다. 참고로 펩시 제로콜라 1캔에는 대략 43mg의 아스파탐이 들어가고 막걸리는 한 병에는 평균 73mg의 아스파탐이 첨가된다고 알려져있다.

칼슘 패러독스, 그리고 혈관건강

골밀도가 낮다면 잇몸이 약해지고 골절의 위험성이 증가한다. **이를 방지하고자 칼슘제를 섭취한다면 당장 그만두길 권장한다.** 뼈의 재료가 칼슘인데 이를 추가 보충하지 말라니, 이상한 뚱딴지 같은 소리로 들릴 수 있다. 그런데 사실 칼슘은 지각에 매우 풍부한 원소이다. 농작물의 비료에도 칼슘은 기본적으로 포함되므로 섭취량 자체는 충분하다는 것이다. 그런데 문제는 **칼슘 자체가 워낙 흡수가 힘든 영양소이다보니 제대로 흡수율을 개선시키지 않고 때려 먹다보면 오히려 혈관이 석회화되거나 신장결석을 초래할 수 있다는 것이다.**

칼슘은 2가지 과정을 거쳐야 제대로 흡수시킬 수 있다. 먼저 비타민 D(D3형태가 좋다)가 충분해야 소장에서 원활한 흡수가 가능하다. 그런데 이렇게 흡수하여 혈관을 통해 다시 칼슘을 뼈로 이송하는 과정에서는 비타민K2의 작용이 꼭 필요하다. 이 기전은 생각보다 오래지 않은 최신 연구에서 밝혀졌는데, 네덜란드의 마스트리트대학 심혈관센터 베르미어 교수에 의해서 국내로 많이 알려지게 되었다.[96] **비타민K2의 중요성은 혈관 보호와 골밀도 증가에 있어서 절대 간과해서는 안 되는 수준이다.**[97]

병원에서 골밀도 측정 결과 골밀도가 낮다고 하여 칼슘과 마그네슘, 비타민D3가 포함된 영양제를 처방받고, 시간이 지나 병원에서 골밀도를 측정해보니 오히려 골밀도가 더 낮아졌다는 결과를 듣고 망연자실한 사람들이 많다고 한다. 비타민 K2가 빠지면 이런 상황은 충분히 발생할 수 있다. 일반적으로 비타민K2는 자연식품에는 낫또에 다량 함유되어 있는데, 영양제로 섭취해도 무방하고, 다만 영양제 형태로 섭취할경우 지용성 비타민임을 고려하여 식후에 섭취하는 것이 흡수에 도움이 된다. 또한 MK7(메나퀴논-7)의 형태로 된 제품을 복용하는것이 가장 작용성이 뛰어난 것으로 알려져 있다.

마지막으로 나는 위 내용처럼 **따로 칼슘의 보충없이 고용량 비타민D3와 K2 섭취만으로** 이미 골밀도가 많이 낮다는 진단을 받은 30대 여성을 단 3개월 만에 혈중칼슘농도 15% 증가와 실제 골밀도를 개선으로 이끈 사례가 있다. 뼈에 대해 공부해본 사람은 알겠지만 경우 골밀도는 일반적으로 남녀 모두 30세에 최대골량을 찍고 다시 반등하는 일은 없다. 당시 위 환자의 담당의사는 탄산칼슘과 비타민D3 혼합재제라는 성의없는 처방을 내렸는데,[98] 그 의사가 계속 혼내듯이 얘기를 하니까 처방약을 먹지 않은 사실에 대해서 별말을 못 했다고 한다. 아마 그 의사는 이러한 내용을 알 리가 없으니 지금도 환자의 골밀도 개선이 아마 본인의 처방약으로 개선된 줄 알고 있을 것이다. 결국 모두가 그렇게 되기는 힘들겠지만, 나는 특히 의사라면 직업의식과 사명감을 가지고 자신의 전문 분야에 대해서라면 끊임없이 연구하고 개선해나가는 모습이 참 중요한 것 같다고 생각한다.

오메가3와 식용유

우리가 일반적으로 오메가3가 몸에 좋다고 하지만, 그것이 왜 좋은지 라고 물으면 대답을 제대로 할 수 있는 사람은 거의 없다. 조금 공부한 사 람들은 중성지방 수치를 낮추고 혈행을 원활히 한다라고 이야기한다. 조 금 더 공부를 한 사람들은 망막의 구성성분이라 안구에 좋고, rtg 형태를 섭취해야 한다고 말한다. 그런데 그것은 맞는 말이기도 한데 근본적으로 는 그렇게 설명되는 것이 아니다. 사실 불포화지방산은 크게 오메가3, 6, 9이 있고 특히나 오메가 3, 6은 체내에서 합성되지 않아 필수지방산이다. 필수지방산은 이름처럼 체내 합성이 불가능하기 때문에 미네랄처럼 오 로지 외부섭취에만 의존한다.

그런데 문제는 **현대인들의 비율은 완전히 깨져있다는 것이다.** 특히 다 가불포화 지방산인 오메가3와 6의 비율이 현대인들은 10:1이 그냥 넘어 갈 정도로 압도적 오메가6 섭취 비율이 높다. 정상 비율은 최대 1:1~1:4 정도를 권장하는데 말이다. 그도 그럴 것이 식용유로 콩기름, 포도씨유 등의 각종 식물성 기름을 섭취하면서부터 그 비율로 정해져 버리기 때문 이다. 그래서 오메가3가 대부분 사람들이 알고 있는 그러한 효능이 있는 것이 아니라 개념을 바꿔 생각하면 그 비율을 정상수치로 회복하면 몸 기능이 정상적으로 동작하는 것이다. 저런 비율대로라면 몸에서 염증반응이 일어나고 혈전이 생기는 등 조용히, 말 그대로 서서히 몸이 병들어 가는 것이다.

현 기준 엉터리 건강 가이드라인에 따라 하루 지방섭취량이 60g이고 그중 포화지방 권장량이 15g이면, 오메가9을 제외한 나머지 지방산은 대략 30g 정도일 것이다. 그러면 오메가3는 하루 3g, 오메가6는 27g 섭취하는 셈일 것이다. 그러니까 **핵심은 오메가6의 섭취량을 낮춤과 동시에 오메가3의 섭취를 늘려야만 효과적으로 지방산 비율을 맞춰 섭취할 수 있다.** 각종 식용유들의 지방산 비율표는 아래에 첨부한다.

[식용유별 지방산 성분표[99]]

유형	가공 처리	포화 지방산	단일불포화 지방산		고도불포화 지방산				발연점
			전체	올레산 (오메가-9)	전체	알파-리놀렌산 (오메가-3)	리놀레산 (오메가-6)	오메가 6:3 비율	
아몬드									
아보카도		11.6	70.6	52-66	13.5	1	12.5	12.5:1	
브라질 너트		24.8	32.7	31.3	42.0	0.1	41.9	419:1	
카놀라		7.4	63.3	61.8	28.1	9.1	18.6	2:1	
캐슈나무									
치아씨									
카카오 버터 기름									
코코넛		82.5	6.3	6	1.7				
옥수수		12.9	27.6	27.3	54.7	1	58	58:1	
면실		25.9	17.8	19	51.9	1	54	54:1	
아마씨		9.0	18.4	18	67.8	53	13	0.2:1	

포도씨		10.5	14.3	14.3	74.7	-	74.7	매우 높음
삼씨		7.0	9.0	9.0	82.0	22.0	54.0	2.5:1
우라드콩								
겨자기름								
올리브		13.8	73.0	71.3	10.5	0.7	9.8	14:1
팜		49.3	37.0	40	9.3	0.2	9.1	45.5:1
땅콩		20.3	48.1	46.5	31.5	0	31.4	매우 높음
피칸 기름								
들기름								
겨기름								
잇꽃		7.5	75.2	75.2	12.8	0	12.8	매우 높음
참깨	?	14.2	39.7	39.3	41.7	0.3	41.3	138:1
콩	부분 경화	14.9	43.0	42.5	37.6	2.6	34.9	13.4:1
콩		15.6	22.8	22.6	57.7	7	51	7.3:1
호두기름								
해바라기 씨(표준)		10.3	19.5	19.5	65.7	0	65.7	매우 높음
해바라기 씨(<60% linoleic)		10.1	45.4	45.3	40.1	0.2	39.8	199:1
해바라기 씨(>70% Oleic)		9.9	83.7	82.6	3.8	0.2	3.6	18:1
면실	경화	93.6	1.5		0.6	0.2	0.3	1.5:1
팜	경화	88.2	5.7		0			
영양 수치는 총 지방 무게 당 백분율(%)로 표현된다.								

특히 오메가6가 적고, 오메가3가 높은 기름이 현대인에게 필요하다. 그런데 오메가3는 열을 가하면 산패가 너무 쉽게 일어난다는 치명적인 단점이 있다.[100] 위 표를 보면 **같은 식용유라고 생각했겠지만 지방산의 비율은 천차만별인 것을 알 수 있다.** 특히 포도씨유의 경우 100g당 오메가6의 함량이 74.7g을 차지한다. 현대인들에게 최악의 기름이라 볼 수 있다. 이런 기름을 괜찮은 기름이라고 소개하는 사람이 있다면 정말 거르길 추천한다. 따라서 식물성기름 중에는 올리브유, 아보카도유가 오메가9 기반의 기름으로서 괜찮은 식용유의 기준에 충족하는데, 그중 나는 올리브유를 가장 선호한다. **치킨을 먹는다면, 가급적 구운 치킨을 먹고 그 다음은 베이크치킨, 최대 마지노선은 고올레산 해바라기유로 튀기는 치킨이다.** 또한 표에는 없지만 튀김용이 아니라면 MCT오일을 요리에 사용해도 좋다. MCT오일은 발연점이 다소 낮은 것으로 알려져있지만, 그보다 훨씬 중요한 산화안정성은 우수한 편으로, 계란후라이나 간단한 요리에 충분히 사용 가능하다.

그리고 위 내용을 보면 알겠지만 식용유나 음식으로 산패 없는 오메가3를 섭취하기는 매우 힘든 일이다. 따라서 **순도 80% 이상의 오메가3 영양제를 꼭 섭취하기를 추천한다. 어쩌면 오메가3만큼은 자연 음식을 통해 섭취하는 것보다 영양제의 형태로 섭취하는게 더 나은 유일한 영양소일지도 모른다.** 참고로 오메가3 영양제를 고를 때에는 원료가 생물농축 정도가 낮은 앤초비(멸치)인지, DHA+EPA의 순도가 80% 이상인지 정도만 체크하면 되고 rtg 형태라면 조금 더 좋겠으나 아니어도 무방하며 낱개 포장을 고집할 필요는 없다. 통에 제습제가 들어가있고 젤 형태에 부형제로 비타민E가 첨가된 영양제에 산패란 것이 그렇게 쉽게 발생하는 것은 아니다. 개봉한지 6개월 지난 EE형태의 오메가3의 내용물을 직접 산가측정지로 측정해본 결과 1%도 산패가 진행되지 않았음을 직접 확인한 적이 있다. 따라서 어느정도는 고려하되 과장광고에는 속지 말아야 한다. 참고로 나는 하루에 음식을 제외하고 영양제 형태로 오메가3를 최소 2~3g 이상 추가 섭취하기 위해 노력한다.

베이크치킨, 식용유

　나는 개인적으로 치킨을 매우 좋아한다. 주 1~2회는 꼭 먹을 정도로 말이다. 그런데 튀김이 몸에 좋지 않다는 것은 잘 알려진 사실이다. 그것도 탄수화물과 고온의 기름은 최종당화산물이 생성되어 더욱 조합이 좋지 못한 조합이다. 그런데 개인적으로 삼계탕이나 구운 치킨류는 선호하지 않는다. 이를 두고 아는 것과 실천하는 것은 별개라고 했던가… 이 점 반성한다.

　그래도 나름 오메가6 함량이 높은 기름을 피하려고 튀김유를 분석하며 먹었는데, 이제는 올리브유를 쓰던 BBQ마저도 올리브유와 해바라기유를 반반 섞어 쓰고 있다. 그렇다고 치킨을 끊는 것은 너무 괴로운 일이었다. 그래서 찾은게 베이크치킨이다. 대표적으로 굽네치킨이 있다. 이 치킨은 튀김 치킨의 질감은 최대한 살리면서 오븐에 굽기 때문에 튀기지 않는다. 따라서 오메가6 섭취량을 줄일 수 있다.[101] 그래서 나는 최근 오븐 베이크 치킨을 자주 먹는다. 그리고 고함량 오메가3 2알. 지방산 밸런스를 신경 쓰면서 말이다.

　사실 튀김 식용유로 엑스트라버진 올리브유는 충분히 사용할 수 있다.

실제로 엑스트라버진 올리브유는 발연점이 최소 190도 이상이다. 다만 가격이 너무 비싸니까 문제인 것이다. 그리고 최근 최악의 기름으로 자꾸 카놀라유가 사람들에게 화제가 되고 있는데, 앞서 장에 첨부된 표를 보면 알겠지만 카놀라유 자체는 오메가6 함량도 그리 높지 않고 오메가6, 3 비율이 2:1 정도밖에 되지 않는다. 최근 모 유튜버가 180도에서 6시간, 240도 가열 시 산패가 많이 되는 당장 버려야 할 최악의 기름이라고 하여 이슈가 된 사실이 있는데, 영상을 보고 느낀 점을 딱 3가지만 말하겠다. 소개한 논문의 실험 설계가 객관적이고 신뢰도가 높다는 가정 하에,

1. 인용한 논문 내용의 그래프 모양 자체가 극단적으로 표현되어 있으며(실 단위는 1% 수준)
2. 240도는 요리에 쓰이지 않는 온도이고,
3. GMO 문제는 단백질 성분에서나 문제 될 수 있는 부분이지 기름에서 문제 될 만한 내용은 아니라고 본다.

그러니까 카놀라유가 고온에서 산화적 안정성이 낮아 발암물질이 많이 생성될 수 있고,[102] 튀김 기름으로 가급적 피하는 것이 맞다고 생각하지만 카놀라유 자체는 오메가6 함량이 낮은 나름 괜찮은 지방산 조성비를 가지고 있어 가벼운 전 부침이나 계란후라이 정도에는 쓸 수 있는 기름이라고 생각하며, 이것을 당장 버려야 할 식용유라고 마녀사냥하듯 낙인 찍기에는 너무 비약이 있는 것으로 판단된다. 그러면서 오메가6 비율이 가장 높아 최악의 식용유로 꼽는 포도씨유가 카놀라유보다 더 낫다고 소개하고 있으니, 특히나 이 부분은 전혀 납득이 가지 않았다.

또 다른 의학 유튜버는 정제유의 불포화지방산은 이미 모두 산패된 것이라고 하는 황당한 주장을 하는 경우도 있었다. 당연히 기름 추출을 위해 헥산을 사용하는 정제유가 압착식 기름에는 없을 헥산의 잔류 문제 및 이로 인한 신경 독성 가능성 등 더 좋지 않다는 것에 대해 지적을 했으면 나도 충분히 이해를 할 수 있다. 그런데 모든 불포화지방산이 이미 산패된 것이라니 그 주장은 너무 어처구니가 없는 주장이다. **식용유를 고를 때에는 다른 것들을 논하기 이전에 먼저 식용유의 지방산 조성을 보는 게 가장 중요하다.** 현대인들 대부분의 사람들은 매일 집밥을 먹지 못하고 직장 때문에라도 밖에서 외식하는 경우가 잦을 것이다. 그런데 보통 식당에서는 가장 저렴하고 구하기 쉽고 대중적인 콩기름 식용유를 제일 많이 사용할 것인데, 그러다보니 통계가 증명하듯 현대인들의 오메가6와 3의 비율이 거의 20:1 가까이[103] 측정되고 있는 것이다. 그렇다면 이상적인 비율인 4:1 미만으로 맞추기 위해 효과적인 방법은 당연히 오메가6를 적게 섭취하고 오메가3 섭취를 늘리는 것이 맞지 않을까? 여러분들도 각자의 생활패턴에 맞춰 어떻게 하는게 더 좋은 방법인지 한번 스스로 고민해보고 방법을 찾아보는 것이 나는 중요하다고 생각한다.

어찌 됐든 나 또한 식용유로 올리브유가 최상이라는 점은 인정한다.[104] 특히 냉압착 올리브유는 최고로 친다. 하지만 더 이상 올리브유만 쓰는 치킨집은 없다. 결국 대안이 될 수 있는 튀김 치킨은 계속 찾아보고 조사하다 보니 BHC 밖에는 대안이 없다라고 결론을 내렸다. BHC는 고올레산 해바라기유를 사용하는데, 이 기름은 일반 해바라기유와 지방산 조성 비율이 완전히 다르다. 단일불포화지방산인 올레산(오메가-9) 비율이 매우 높고[105] 상대적으로 리놀레산(오메가-6)의 비율이 매우 낮아져 산화

안정성도 개선되고 지방산 조성비가 흡사 올리브유와 비슷하게 된다. 다만 해바라기유는 일반적으로 헥산 추출방식을 사용하고 있고, 항산화물질이 올리브유보다 적게 함유되어 있기 때문에 최상품은 아니라고 본다. 하지만 올리브유를 제외하고 튀김유로 사용한다면 이만한 기름이 없다고 본다. 그리고 에어프라이어를 요리에 활용하는 것도 좋은 방법이라고 생각한다. 그렇게 하면 먹을 만큼만 조리할 수 있고, 식품 자체의 포함된 기름기로 튀겨지는 방식이라 식용유를 사용치 않으며, 가격은 더 저렴하기 때문이다. 맛도 충분히 만족스러우므로, 독자분들도 적극 활용해보길 추천한다.

식이섬유와 변비

　식이섬유는 우리의 소화기관으로는 소화가 불가능한 섬유질 물질이며 변의 수분양을 늘리고 부드럽게 하여 배변 기능을 원활하게 돕는 물질이다. 또한 식이섬유에는 각종 유산균을 포함한 장내 미생물의 먹이가 되는 프락토 올리고당 등의 프리바이오틱스(prebiotics)를 많이 포함하고 있어, 장내유익균의 먹이가 되어 원활한 장내 환경을 조성하는 역할도 수행한다. 식이섬유는 크게 물에 녹지 않는 불용성 식이섬유와 물에 녹는 수용성 식이섬유로 분류할 수 있으며, 일반적으로 식이섬유가 풍부한 음식에 비율의 차이가 있으나 이 두 가지가 적절히 섞여있다. 식이섬유를 음식에서 충분히 섭취하지 못할 경우 변비가 발생하며, 나의 경우 차전차피제품과 구아검가수분해물 형태의 제품 두 가지를 자주 사용한다.

　차전차피류 제품은 상대적으로 저렴하고 분자가 커 변비에 더 도움이 많이 되고, 구아검제품은 물에 잘 녹고 목 넘김이 좋아 섭취에 용이하지만 가격이 조금 더 있는 편이다. 유익균 증식 목적으로는 구아검 제품이 좀 더 유용한 것으로 알려져있다. 요새는 단백질보충제에 식이섬유를 첨가한 프리미엄 제품이 출시되어 변비 문제를 개선한 제품이 출시되기도 한다. 또한 식이섬유는 혈당과 콜레스테롤 수치를 개선하는 것으로도 알려져있는데, 그도 그럴것이 식이섬유 자체가 지용성이든 수용성이든 영양소 흡수속도를 완만하게 하거나 방해하여 그러한 결과가 나오는 것으로 알려져있다.[106] 특히나 저탄고지식이를 할 경우 섬유질이 부족해지는 경우가 있어 변비가 생길 수 있는데, 이때 나의 경우 차전차피를 한 포 물에 태워 마신다. 또한 물은 충분히 많이 마셔주어야 한다. 흔하지 않은 경우이지만, 반대로 식이섬유를 너무 많이 섭취했을 경우에는 장에 가스가 차는 경우가 생기므로 이 점 주의한다.

유산균

　유산균은 프로바이오틱스(probiotics)라고도 불리며 장내 환경을 개선하고 변비 등에 도움을 주는 유익균의 종류이다. 주로 발효식품인 요거트와 김치, 낫또 등에 많이 존재하며, 현재 회사마다 다양한 배합의 알약 제품으로도 많이 출시되고 있다. 유산균의 효과를 체감하려면 100억 마리 이상의 제품이 권장된다고 알려져있다. 그런데 유산균은 마케팅에 의해 효능이 다소 과장된 느낌을 받을 수 있다.

　유산균은 대장에서 젖산을 생성할 수 있는 유익균의 균주 중 하나로, 사실 유산균이 장내미생물의 숫자와 비교하자면 매우 극소수라서 장내 구성 균의 0.1%를 조금 넘게 차지하는 정도라고 한다. 거기다가 수명도 그리 길지 않고 장내로 정착은 더더욱 어렵기 때문에 도움을 줄 수 있는 일종의 지나가는 이방인이라 보아도 무방하다. 그렇다고 해서 유산균이 아예 영 효과가 없다고 할 수는 없는것이며 유산균은 대략 2주 정도 장에 상주하면서 장내 유익한 환경 조성에 약간의 보조적인 역할을 한다고 보면 된다. 그래서 유산균은 어디까지나 주라고 생각하면 안 되고 보조의 개념이며, 만일 **적극적으로 대장의 좋은 환경을 조성하고자 한다면 식이**

섬유나 프락토 올리고당과 같은 프리바이오틱스를 섭취하는 것이 훨씬 체감이 좋을 것이다. 나의 경우 아서앤드류 메디컬사의 유산균 복합체 및 박테리오 파지 제품을 사용한다. 박테리오 파지(bacteriophage)는 장 건강을 지키기 위해 고안된 역발상의 새로운 개념의 보충제인데, 박테리오 파지는 바이러스로서 특정 유해균만을 숙주로 삼아 파괴 및 스스로 증식하고, 결과적으로 장내유해균이 자라기 힘든 환경을 조성하여 유익균이 많아지는 환경을 조성한다.

소화효소(판크레아틴, DPPIV)

판크레아틴은 돼지의 췌장에서 추출한 천연 소화효소로, 탄수화물, 단백질, 지방 3대 영양소를 모두 분해할 수 있는 아밀라아제, 리파아제, 트립신 성분이 포함되어있다. 인간의 췌장에서 만들어지는 이자액의 성분과 같다. 통상 우리가 **소화불량일 때 약국에서 처방받는 훼스탈에도 판크레아틴이 함유되어있다.** 일반적으로 나이가 많이 들면 소화액이 부족하여 음식이 잘 소화되지 않는데 이 경우 식후에 섭취하면 도움이 될 수 있다. 특징은 앞서 서술한 대로 본래 인간에게 존재하는 소화효소 그 자체이므로 큰 부작용이 없으며, 다만 과다복용의 경우 복부팽만, 설사 유발 정도가 보고되고 있다.

나는 가끔 정말 근육이나 살을 찌우고 싶은데 소화능력이 많이 부족하여 고민하고 있는 사람에게 판크레아틴을 추천하곤 했다. 여기서 알아야 할 점은 **판크레아틴은 소화효소로서, 위장관의 PH 환경에 예민하며, 따라서 장용 코팅이 되어있는 제품인지를 체크하는 것이 중요하다.** 장용 코팅이 되어있지 않은 제품도 효과가 있을 수 있지만 코팅된 제품과 비교해본다면 어느 정도 유의미한 차이가 있을 것으로 보인다. 판크레아틴

섭취는 이론상 몸에 부담을 주지 않으면서 삶의 질을 개선시키는 데 좋은 방법이라고 생각한다. 그래서 특히나 소화가 잘되지 않아 단백질 섭취가 부족한 고령층에게는 적절한 염분 섭취와 함께 판크레아틴을 추천하고 싶다.

그리고 최근 주목해야 할 한 가지 더 중요한 소화효소는 바로 **DPPIV라는 효소로, 이는 밀가루의 글루텐, 우유 단백질의 카제인을 분해하는데 필요한 효소이다.** 밀가루나 우유를 마셔도 괜찮은 사람들이 있지만, 선천적으로 이 효소가 부족하거나 나이가 들어서 소화효소의 분비가 줄어들면 밀가루 음식이나 우유를 섭취할 때 배가 아프거나 가스가 차거나 소화가 잘 안 될 수가 있다. 그리고 이 효소가 부족하여 생성된 중간소화물질인 펩타이드들은 장내 염증을 유발할 수 있는데, 이 물질은 여기에 그치지 않고 유사 마약성 물질처럼 작용하여 뇌의 인지 기능에도 부정적인 영향을 끼치는 것으로 알려져있다. [107]

이러한 일이 발생하는 근본적인 이유는 바로 글루텐이나 카제인은 특유의 프롤린이라는 아미노산 결합이 많은 부분이 존재하는데, 이 부분이 특히나 잘 분해가 되지 않는다. 이렇게 잘 분해되지 못한 펩타이드들은 장 점막에 들러붙게 되고 위와 같은 부정적인 상황이 발생하는 것이다. 따라서 DPPIV 효소의 보충은 프롤린 결합을 잘 분해할 수 있게 도와주고, 밀가루나 우유를 마셨을 때 나타나는 증상을 완화시켜줄 수 있다. 요새는 '글루텐 프리' 제품도 일부 보이고 베타 카소모르핀이 생성되지 않도록 A2우유 제품도 등장하고 있지만, 일반우유나 글루텐 밀가루 음식을 피하는 것은 현실적으로 불가능하기 때문에, 나의 경우 식후에 닥터스베

스트의 '글루텐 레스큐' 제품을 섭취하고 있다. 이 제품은 DPPIV효소뿐아
니라 더 빠르게 펩타이드를 분해할 수 있도록 보조 성분을 추가하여 설계
하였다는 특징이 있다.

그리고 최근에 2형 당뇨 치료제로서 Dpp4(Dppiv) 억제제라는 주사 요
법이 있는데, 여기서 Dpp4 억제제는 소화효소 Dppiv와 똑같은 성분을
말하는 것이지만(참고로 Dppiv 효소는 소화효소이지만 체내 다른 비소
화 기관에도 존재한다), 다만 Dpp4 억제제 주사의 경우 인슐린 촉진 반
응 중 몇 분 만에 끝나 버리는 인크레틴 호르몬의 분해를 늦추는 것이 목
적이고, 소화효소에 첨가되어 경구 섭취하는 Dppiv성분은 식사로서 최
소 30분 이상의 소화과정을 거쳐야 소장에 겨우 도달할 수 있을 뿐, **경
구 섭취로 위장관을 거친 Dppiv 효소 자체가 소장에서 흡수될 가능성
은 거의 불가능하다고 보아도 무방하므로,** 소화효소제로서 경구 섭취한
Dppiv가 인크레틴 호르몬의 분해를 촉진시켜 인슐린 분비량에 영향을
줄 가능성은 없다고 보면 될 것이다.

NAD+

최근 10년 가까이 NAD 보충제가 개발되면서 이것이 효과가 있는지 없는지로 노화학계에서는 큰 이슈가 있어왔다. 지금은 **NAD 보충제는 동물 실험뿐만 아니라 임상실험에서도 노화방지 보충제로서 충분히 그 효능을 입증해왔고 단지 NR 형태가 효과적인지, NMN이 효과적인지 그 차이를 논할 뿐이다.**

NAD란 니코틴아마이드 아데닌 다이뉴클레오타이드(Nicotinamide Adenine Dinucleotide)의 약자인데 사실 본래 몸에 없는 물질이 아니고, 스스로 합성되어 생명체들이 세포 내에서 산화 환원 반응을 조절하는 매우 중요한 조효소이다. 그런데 이것이 나이가 중년에 접어들면 20대와 비교해서 nad수치가 절반 가까이 떨어지고 노화가 급격하게 진행이 된다. 그래서 이것을 체내에서 분해시키지 않고 농도를 높이는 보충제가 바로 NR과 NMN이다.

먼저 NAD를 증가시키는 영양제의 작용 방식은 주로 세포호흡의 과정인 TCA 회로에 관여하며 이론상 노화를 늦추는 것을 넘어 젊어지게 만드는 것이 가능하다는 것으로까지 평가받는다. 따라서 **노화방지를 넘어**

NAD수치를 증가시키는 것은 다시 젊어짐에 있어 매우 공격적인 전략이라고 생각한다. 다만 단점은 대량생산이 가능해져 과거 대비 가격이 매우 저렴해졌음에도 불구하고 영양제로서는 여전히 가격이 비싼 편이지만, 일반인들도 충분히 구매할 수 있을 만큼 가격이 저렴해졌고, 또한 그 값어치의 효과는 충분하다고 생각한다.

이 분야에 있어 최고 권위자이자 선구자는 데이비드 싱클레어(David Sinclair) 박사이며, 그는 하루 매일 1,000mg의 NMN을 섭취하는 것으로 유명하다. 나 또한 NMN의 효과를 간접체험한 적이 있는데, 이후 당뇨 부분에서도 언급하겠지만 2형 당뇨로 인해 혈당이 잡히지 않는 부분, 좀 더 구체적으로는 인슐린 수용체가 노화 및 지속적인 데미지로 제대로 동작 못 하게 되는 인슐린 저항성에 있어 꽤나 큰 진전을 보인다는 것을 알게 되었다. 그래서 노화방지 목적뿐 아니라 현재 2형 당뇨를 앓고 계신 아버지에게 NMN과 아연의 조합은(참고로 아버지는 2형 당뇨 전문의약품인 메트포르민도 복용 중이다.) 혈당 개선에 효과를 보일 수 있다는 것을 알게 되었다.

어쨌든 NAD를 증가시킬 수 있는 보충제는 현재 NR과 NMN인데, 두 성분의 차이점은 NR은 체내에서 인산화 과정을 거쳐 NMN으로 변환 후에 다시 NAD+로 변환되어 2차의 과정을 거쳐야 한다는 것이고, NMN은 체내에서 바로 NAD+로 변환된다는 것이다. 그래서 서로 흡수율과 흡수방식에서 차이가 있는데 NR은 분자크기가 작아 흡수율이 높다고 하며, NMN은 분자구조가 크지만 Slc12a8과 같은 특수한 루트를 통해 즉시 NAD+ 수치를 증가시킨다는 것이다. 실제로 쥐를 대상으로 한 동물 실험에서는 NR은 쥐의 수명을 9%, NMN은 10~15% 증가시켰다고 한다. 다

만 NR은 임상실험으로도 검증이 되었지만 NMN은 아직 임상실험으로
는 검증되지 않았다. 이에 데이비드 싱클레어 박사는 인간에게도 충분히
NMN이 유사하게 동작할 수 있으며, NR대비 여러가지 이점이 있기 때문
에 NMN을 섭취한다고 한다. 대표적으로 NMN은 노화방지뿐만 아니라
섭취 시 근지구력등의 운동능력을 향상시킬 수 있다고 한다. 다만 NMN
은 NR대비 같은 용량의 가격이 1.5~2배 정도 더 비싸므로, 이러한 점도
충분히 고려하여 구매하는 것이 중요하다. 나의 경우 NMN은 캡슐 제품
으로 구매하면 가격이 너무 비싸지므로, 최대한 저렴하게 고용량을 섭
취하기 위해 캘리포니아 골드 뉴트리션(California Gold Nutrition)사의
NMN 분말 90g을 구매하여 하루 600~900mg씩 섭취하고 있다.

포스파티딜콜린

포스파티딜콜린(Phosphatidylcholine)은 레시틴의 성분 중 하나인 인지질로, 인체에서는 세포막의 구성성분이 된다. 이 성분은 미래학자이자 노화 전문 연구자인 레이커즈와일이 가장 좋아하는 3가지 영양제 중 하나이다.[108] 나이가 들면 신경전달물질인 아세틸콜린이 부족해지면서 건망증이 생기고 기억력이 감퇴하게 된다. 따라서 이 성분의 보충은 아세틸 콜린의 체내 합성에 기여하게 되고 치매 예방에 효과적일 수 있다. 그리고 앞서 언급했듯 **세포막의 구성성분이므로, 이 성분의 보충은 세포 재생 및 노화 방지에 핵심 성분이 된다.**[109] 재생이 가장 왕성한 기관인 간의 회복에도 또한 많은 도움을 준다.

그런데 일반적인 레시틴 제품은 포스파티딜콜린의 함량은 15%미만으로 비율적으로 낮다. 그래서 포스파티딜콜린의 비율을 농축하거나 라이프익스텐션사의 '헤파토프로' 제품과 같이 순수하게 정제한 알약 형태의 제품도 존재한다. 또한 원료를 대두, 해바라기, 난황 등 어디에서 하였는지에 따라 가격도 차이나게 된다. 포스파티딜콜린은 하루 권장량이 최소 500mg이상이나, 최대 3,500mg까지 섭취하여도 무방하다.

구연산

　구연산은 시트르산(Citric acid)이라고도 하며 주로 레몬, 라임, 오렌지 등의 감귤류에 풍부하게 포함되어 있는 유기산이다. 과일을 자주 먹는 일반식이를 하는 사람은 추가적인 구연산의 섭취가 필요없을지 모른다. 또한 사이다나 오렌지주스와 같은 음료를 자주 섭취하는 사람도 마찬가지이다. 왜냐하면 구연산은 음료의 신맛을 조절하는 식품첨가물로서 매우 흔하게 사용되는 물질로 과일이나 음료에 폭 넓게 첨가되기 때문이다. 하지만 **혈당 조절을 하기 위해 저탄고지 식이를 하거나 자취방에 생활하면서 과일을 자주 섭취하기 힘든 사람에게는 추가적인 구연산의 보충이 필요할지 모른다.** 먼저 구연산은 매우 강한 신맛을 내며, 세포 내 에너지를 생산하는 시트르산 회로의 핵심 성분으로(물론 세포단위에서 이루어지는 시트르산 회로의 과정이 경구 섭취를 통해 직접 영향을 받는다고 보기는 어렵다) 에너지 대사를 촉진하고, 운동 중에 발생하는 젖산의 축적을 감소시켜 피로 회복에 도움을 줄 수 있다. 그리고 ph조절 기능으로 인해 피부 건강에도 긍정적인 영향을 끼칠 수 있다는 연구결과도 존재한다.[110]

이처럼 구연산은 전혀 유해한 물질이 아니다. 다만 과량 복용 시 속쓰림 문제가 있을 수 있고, 고농도의 구연산이 치아에 지속적으로 닿을 경우 치아의 법랑질이 녹아내려 치아 표면이 부식될 수 있으므로 이 점은 주의해야 한다. 그도 그럴것이 순수 구연산의 ph는 1.5로 위산과 맞먹을 정도로 강한 산성을 띄며, ph 3 정도인 비타민C보다 산성도로 따지면 20~30배나 강한 산이기 때문이다. 통상 레몬 1개는 5~6g의 구연산을 함유하고 있고, 오렌지 1개는 1.5~2g, 귤은 크기가 작으므로 오렌지보다 절반 정도일 것이다. 이러한 점으로 볼 때 하루 구연산 섭취량은 2~4g 사이가 적당한 것으로 보이며, 과일을 자주 섭취하지 못하는 나의 경우 매일 1~2g 정도씩 추가로 보충하고 있다. **섭취 시 주의할 점은 강한 신맛과 치아 부식 문제가 있으므로 가루 제품은 비추천**하며, 본인의 경우 뉴트리코스트사의 캡슐 제품(1알당 구연산 1g)을 식후에 섭취하고 있다.

콜라겐

콜라겐은 뷰티 영양제로 우리나라뿐만 아니라 해외에서도 너무나 선풍적인 인기를 끌고 있다. 콜라겐은 주로 피부의 진피 조직에 위치하며 철근과 같은 지지대의 역할을 수행한다. 그리고 다소 덜 알려진 사실이지만, **콜라겐은 사실 뼈의 건강에도 중요한 역할을 하며 특히 뼈의 형성과 밀도 증가 및 골다공증 예방에도 도움을 준다.**

어쨌든 이처럼 콜라겐의 역할은 중요하지만 일반적으로 콜라겐의 직접 섭취는 분자량이 너무 커서[111] 흡수율이 많이 낮은 것으로 알려져있는데, 최근에는 이를 개선하여 분자량을 줄인 저분자 콜라겐 제품들이 출시되고 있다. 거의 아미노산의 분자량 수준인 500달톤 미만의 제품들이 바로 그것이다.[112] 그런데 사실 콜라겐은 단백질의 일종으로 고기류나 유청 단백과 같은 동물성 단백질을 충분히 섭취한다면 실질적으로 결핍될 일은 그리 많지 않다고 본다. 그러므로 콜라겐은 직접 섭취하여 쓰이는 것보다 체내에서 합성하는 경우가 대부분이다.

그럼에도 불구하고 저분자 콜라겐의 섭취가 영 효과 없는 일이라고는 생각하지 않는다. 나이가 많아질수록 단백질의 섭취량이 줄어들고 콜라겐이 직접 흡수되는 것은 사실 정확한 증명이 어려워도 일단은 원료로서는 기능하기 때문이다. 그리고 콜라겐과 같은 구조물을 묶는 역할을 하는 엘라스틴은 동물의 항인대 조직에 풍부하고 엘라스틴 단백질의 재료가 되는 데스모신, 이소데스모신으로 분해 및 흡수되어 피부 탄력의 개선에 기여할 수 있다. 최근에는 이 두 가지 성분을 함께 조합하여 상품화한 제품들이 출시되고 있는데 이론상 영 효과가 없다고 보기는 어려우나, 적어도 섭취해도 해가 될 것은 없으므로 과장 광고가 심해 값비싼 제품을 구매하는 경우를 제외한다면, 한번 섭취해보고 체감해보는 것도 나쁘지 않다고 본다.

방탄커피에 관하여

　데이브 아스프리(Dave Asprey)가 창시한 방탄커피는 이미 전세계에 많은 영향을 끼쳤다. 아메리카노에 버터나 MCT오일을 넣는 방법이다. 그리하여 저탄고지를 실행하여 단식의 효과는 유지하면서 포만감과 맑은 정신을 얻는 방법이다. 그런데 카페인에 민감하여 커피를 좋아하지 않는 나는 이를 실천하기가 쉽지 않았다. 그래서 부족한 단백질을 보충하여 근육량 유지 및 최대한 간헐적단식의 이점을 보충하기 위해 단백질 보충제에 버터나 MCT오일을 섞어 대체하고 있다. 개인적으로 나는 아침식사를 하지 않는데, 점심식전 30분 전쯤에 유청단백질 20g과 버터나 mct오일을 섞어 섭취한다.

　일단 단백질을 섭취하면 탄수화물은 아니지만 오토파지 기능은 off된다.[113] 따라서 굳이 따지자면 30분 정도의 오토파지 기능은 손실되지만 최초 식사 전 유청단백질은 혈당 스파이크를 완충하는 역할을 한다. 따라서 근육량을 최대한 보전하면서 간헐적단식의 효과를 유지하고자 한다면 이 방법이 유리하다. 그리고 아메리카노를 선호하지 않는 사람을 위한 커피믹스도 존재하는데, 바로 '무화당 믹스커피'라는 제품이다.[114]

당뇨인들을 위해서 단맛은 에리스리톨로 대체하고, 한 포당 당류가 0.4g 으로 거의 없는 수준이기 때문에 여기에 버터나 mct오일 한 스푼을 태우면 방탄커피와 효과가 비슷할 것이다.

최상급 간식

저탄고지 식이를 하다보면 달콤한 간식이 먹고 싶을 때가 있다. 그래서 요즘은 키토제닉 (Ketogenic)[115] 식단을 하는 사람을 위한 초콜릿 간식이 존재한다. 가끔 몹시 간식이 먹고 싶은 날이 있는데 이것을 다이어트인들은 '입이 터진다'라고 표현하는 것 같다. 기본적으로 키토 초콜릿바는 다음과 같은 특성이 있다.

1. 높은 카카오매스
2. 카카오버터 사용으로 인한 높은 지방과 포화지방
3. 설탕 대신 에리스리톨과 같은 감미료 사용
4. 그 외 무첨가

따라서 혈당을 거의 올리지 않으면서 똑같은 달콤함을 느낄 수 있고, 키토제닉 식단의 조건인 높은 지방함량과 포화지방의 비율을 달성할 수 있다. 이 제품 외에도 나는 기성품으로 만들어진 수입산 카카오 99% 초콜릿을 구매해서 먹어본 적이 있는데, 키토 간식으로서 성분은 매우 좋으나 크레파스와 같은 질감에 설탕이 아예 없어서 쓴맛이 매우 강했다. 거의 약이라고 생각하고 먹어야 할 정도였다. 따라서 초보자는 키토 초콜릿바를 추천한다. 내가 섭취하는 제품은 네이버스토어의 ketozeroom에서 만든 다크초콜릿을 섭취하고 있다. 쓸데없는 성분 없이 고급 재료들만 사용하는 점이 마음에 든다. 카카오 함량을 92%, 88%, 84%로 조절한 3가지 버전이 존재하는데, 당연하지만 카카오 함량이 높을수록 감미료가 적어 단맛이 적다. 개인적으로 맛은 84%나 88%가 제일 괜찮은 것 같다.

최근에는 네이버 스마트스토어 '맛있는키토'에서 제작된 버터바(황치즈)도 섭취하는데, 알룰로오스를 사용하여 탄수화물은 거의 없으며 재료가 워낙 좋다보니 가격은 다소 높지만 원 재료 대비 가성비가 가장 우수하고 냉동 보관 및 먹기에 편리하며 초콜릿바보다 더 풍부한 열량과 포화지방, 단백질을 제공하므로 한 끼 식사 대용으로 사용하기 딱 좋다. 그리고 이러한 초콜릿바나[116] 버터바는 매일 섭취해도 상관없지만 나의 경우는 간식을 그리 즐기는 편이 아니어서 2~3일에 하나 정도 생각날 때 정도 먹고 있다. 특히 쉬는 날 아침 겸 점심으로 **프로틴과 함께 섭취하면 혈당이 거의 오르지 않기 때문에 적당한 지방 섭취와 함께 식사대용으로도 쓰기 좋다.** 엄격한 탄수화물 관리가 필요 없을 때에는 단백질 섭취량을 증가시키기 위해 물 대신 A2우유에 락타아제 분말을 섞어놓은 캘리포니아 골드 뉴트리션(California Gold Nutrition)사의 무맛 wpi를 한 스쿱 섞어서 추가로 마시기도 한다.

매우 바쁘거나 시간이 없는 날에는 그냥 HEXAPRO 프로틴 바만을 1~2개 간식 및 식사 대용으로 섭취한다.

우유와 버터

우유는 일반적으로 소의 젖을 말하며, 계란과 함께 인류에게는 없어서는 안 될 귀중한 식품이다. 우유는 그냥 마시기도 하지만, 버터, 치즈, 요거트 등 목적에 맞게 다양하게 가공되어 소비된다. 그런데 우리들의 생활 수준이 개선됨에 따라 소비자들의 입맛과 수준이 한층 까다로워졌는데, 특히 아이의 어머니라면 더더욱 전혀 흠잡을 데 없는 완전무결에 가까운 우유를 아이에게 먹이고 싶을 것이다. 그리고 내가 식사대용의 보충제를 만들기 위해서 고민해보다 스스로 고안한 것이지만, 성인이 장기적으로 먹어도 무방하고 아이의 이유식으로도 좋은 우유 고르는 기준에 대해 다뤄본다.

앞서 '단백질 보충제' 장에서도 언급했지만 '**A2우유**'라는 것이 있다. 실제로 유명스타 여배우가 자주 광고하는 모습이 자주 보이는데 여기서 말하는 A2는 단백질의 종류이다. 조금 더 구체적으로 말하자면, 통상 우유 단백질은 20%가 Whey라고 불리는 유청단백질로(흔히 보충제로 쓰인다) 구성되고, 80%는 소화가 느린 카제인 단백질로 구성된다. 이 중 카제인 단백질은 A1, A2단백질로 분류되는데 여기서 A1단백질은 A2단백질과 달리 소화 분해 과정에서 BCM-7(베타 카소모르핀-7)이라는 물질이 생성된다. 이 물질은 장내 염증 반응을 유발한다.[117]

일반적으로 소의 우유는 A1, A2단백질을 모두 포함하는데 특정 형질의 소는 A2단백질만 포함한 우유를 생산한다. 그래서 이러한 형질을 가진 소만을 선정하여 생산한 우유가 A2우유이다. **그런데 이와 별개로 유당의 문제도 신경 써야 한다.** 유당 분해효소가 없어 우유를 마시면 속이 더부룩하고 설사를 하는 사람들이 있기 때문이다. 그런데 사실 유당분해효소양이 사람마다 차이는 있지만 별다른 문제를 일으키지 않는 사람도 가급적이면 피하는 것이 좋다. 유당 자체가 장 건강과 노화에 좋은 영향을 주지 않기 때문이다. 그렇다면 최상의 조합은 A2우유 + 락토프리(유당제거) 제품인데, 문제는 이러한 제품은 가격이 너무 비싸거나 구하기가 어렵다. 그래서 앞서 단백질 보충제 장에서 말한 최상급 유청분말에 미리 락타아제(유당분해효소)를 섞어 부족한 단백질 함량은 증가시키고, 유당은 제거하는 전략을 짠 것이다. 거기다 나처럼 저탄고지식이를 하는 사람은 부족한 포화지방의 섭취를 위해 미리 소분된 프레지덩 포션 버터 10g을 섞거나 우유와 같이 섭취하는 것이다. 그렇게 먹으면 탄수화물은 적고 단백질과 지방함량은 높은 부드럽고 진한 우유가 완성된다. 이것을 나는 영양보충 겸 하루에 한 번 섭취한다.

그리고 버터에 대해 이야기하자면 **마가린이나 가공버터는 피하는 것이 좋다.** 특히 마가린은 한때 식물성 경화유이기 때문에 비건 버터라는 말도 안 되는 상술을 펴기도 했던 역사가 있는 물건인데, 오메가6 함량이 높은 콩기름이나 옥수수기름을 주로 사용하여 만들기 때문에 당연히 현대인의 건강에는 몹시 좋지 않다. 요새는 경화과정에서 트랜스지방 문제를 해결했다고는 하지만, 여전히 마가린은 앞서 말한 식용유 기반의 불포화지방산 기름으로 만들기 때문에 포화지방산 함량이 30%를 잘 넘지 못한다. 이 내용에 대해 구체적으로 궁금한 점이 있다면 앞선 '오메가3와 식용유'장을 보면 무슨 말인지 쉽게 이해가 될 것이다. 그리고 **고칼슘이나 저지방 우유를 절대 추천하지 않는 이유**도 이전에 쓴 '칼슘 패러독스', '포화지방에 대한 오해' 부분을 읽어보았다면, 탄산칼슘을 첨가하고 지방을 인위적으로 제거한 고칼슘 저지방우유가 왜 문제가 있는지 알 것이기 때문에 고르지 않는다는 것을 잘 알 것이다.

　마지막으로 버터에 대해 조금 더 언급하자면 제대로 만든 버터는 10g 중 탄수화물, 단백질은 0.1g 미만이고 지방만 8.2g, 그 중 포화지방이 5.7g이나 되는 식품인데, 특히 기버터(Ghee)는 전통 인도식으로 가공한 버터로 일반버터보다도 훨씬 지방의 순도와 발연점이 높아서 스테이크 요리 등에 쓰인다. 다만 기버터는 가격이 너무 비싸므로 기버터의 사용은 추천하지 않고 가격, 편의성, 첨가물 등 모든 걸 고려했을 때 나는 프레지덩 포션 버터가 적절하다 생각한다. 가염인지 무염인지는 그다지 중요하지 않다.[118] 그리고 앞서 방탄커피에서도 언급했지만 이를 대체할 수 있는, 특히나 중쇄지방산 포화지방이 많은 코코넛오일이나 mct오일은 버터를 대체하여 사용하기에 매우 적합하다고 본다.

물엿과 올리고당

　최근 당 성분을 줄이기 위해 식품업계에서는 물엿과 비슷한 맛을 내지만 대용품으로서 프리바이오틱스 기능을 겸하고 있는 올리고당 제품들이 앞다투어 경쟁적으로 출시되고 있다. 시중에 나와 있는 제품은 크게 이소말토 올리고당, **프락토 올리고당** 두 가지 제품이 출시되고 있다. 그런데 이소말토 올리고당은 최근에 더 이상 식이섬유로 취급하지 않는 분위기이다. 왜냐하면 **이소말토올리고당은 소화과정에 의해 쉽게 당 성분으로 분해되어 혈당 상승에 영향을 주는 것으로 밝혀졌기 때문이다.** 이는 관련 연구결과[119]와 실제 당뇨인들이 직접 이소말토 올리고당을 섭취한 후 자체적으로 혈당을 측정한 후기가 입증하고 있다. 그래서 프락토 올리고당에 대해 다뤄본다.

　먼저 우리는 프락토 올리고당 100% 제품을 대형 마트에서 손 쉽게 찾아볼 수 있다. 그런데 주의할 점은 프락토올리고당 100%라고 표기는 되어지만 이는 어디까지나 원료 함량이다. 성분함량표를 보면 당류가 100g당 33g 포함되어있는 것을 확인할 수 있는데, 이것은 프락토 올리고당을 제조할 때 설탕을 효소 처리하여 만들 수밖에 없기 때문에 구조적으로 과

당과 결합되어있는 형태라서 그렇다. 그래서 프락토 올리고당 성분함량
은 수분까지 제거 시 100g당 대략 45g 정도로 추정된다. 그런데 여기서
끝이 아니고 실제 조리 시 프락토 올리고당의 특성상 열에 약해서 요리과
정에서 설탕, 과당, 포도당으로 일부 분해되는 부분이 있는 것도 고려해
야 한다. 그래도 일반적인 조리 시에는 분해되지 않은 프락토 올리고당
이 대부분을 차지할 것이므로, 일반 물엿 대비해서 당 성분을 줄일 수 있
고, 또한 프락토 올리고당이 장내미생물의 먹이로서 작용시킬 수 있어 긍
정적인 장 환경 조성을 기대해볼 만하다. 다만 앞서 언급했듯 과량 섭취
시엔 여전히 절반 가량의 포함된 당 성분이나 열에 의해 분해된 당이 혈
당을 올릴 수 있으므로 무분별하게 사용하지는 않아야 한다.

그리고 만약 **가족 중에 당뇨인이 있다면 프락토 올리고당 대신 알룰로
스 제품을 강력 추천한다.** 알룰로스는 본래 희소당이었으나 대량 생산에
성공한 안정적인 감미료로 열에 강하고 당 대사가 거의 이루어지지 않아
설탕에 비해 혈당을 거의 올리지 않게 된다. 또한 산뜻한 단맛이 특징인
데, 다만 당도가 설탕의 0.7배이므로 매우 소량의 효소 처리 스테비아와
같이 조합되어 당도를 물엿이나 실제 설탕과 비슷하게 만들어 이질감을
없앤 제품이 출시된다.

건강한 술 고르는 기준

    술은 알코올을 포함하고 있고, 알코올은 그 자체가 간에서는 독성물질로 취급하여 해독해야 할 물질로 인식하고 있는데, 따라서 '건강한 술'이라는 말 자체는 모순이 있는 단어이다. 따라서 정확히는 덜 해로운 술(맛의 비교는 일단 생략한다.)이라는 말이 더 정확할 것이다. 기본적으로 도수가 높은 술은, 당연히 더 독하고 더 빨리 취하므로 몸에 더 무리를 줄수 있다. 이는 단순히 알코올 양을 기준으로 계산한 것이다. 그런데 먹는 시간, 안주, 컨디션을 비슷하게 놓고 같은 양의 알코올을 섭취한다고 가정 했을 때, 주종마다 숙취의 차이는 분명히 있다. 나는 개인적으로 앞서 '음주' 장에서 언급한 바와 같이 '위스키 > 사케 = 안동 소주 > 보드카 > 소주 = 맥주 > 막걸리 > 와인' 순으로 같은 양 알코올 대비 숙취가 강한 것 같다고 느낀다. 이는 술의 제조 방식과 숙성의 정도, 첨가물의 차이인 것으로 보인다.

    위스키의 경우, 맥아 대신 옥수수로 만든 버번 쪽이 숙취가 좀 더 강한 경향이 있었으며, 숙성연도가 짧을 수록 맛도 더 거칠면서 숙취가 더 강하다고 느껴졌다. 최근에는 거의 찾아볼 수 없지만 카라멜 색소도 첨가하지 않는 전통 방식을 최대한 고수하는 위스키 제품도 출시되고 있다.

사케의 경우, 통상 팩사케, 준마이, 준마이 다이긴죠로 급을 매기는데, 맛을 떠나서도 위 급에 따라 숙취가 덜하다고 느껴졌다. 아무래도 첨가물이 많고 적고의 차이, 쌀의 도정율, 숙성의 정도 차이 때문인 것 같다. 참고로 나는 일본 술은 후쿠시마 원전 문제 때문에 쌀의 주산지를 따지는데, 방사성 물질의 섭취로 인한 내부 피폭은 극미량으로도 위험하다고 생각되므로 가급적 피하고 있으며, 다만 미국에서 미국산 쌀과 물로 제조한, 가격도 저렴한 '월계관 준마이 750' 제품을 선호한다.

안동 소주의 경우, 1만 원 미만의 시중에서 흔히 볼 수 있는 제품도 상당히 퀄리티가 높고, 첨가물도 과당 정도가 들어가있을 뿐이다. 숙취가 상당히 적은 술에 속한다.

보드카의 경우, 무색, 무미, 무취의 최대한 퓨어(Pure)하게 만드는 것이 특징인 술인데, 이론상 숙취가 가장 없어야 하는 술이긴 하나, 첨가물 없는 순수 증류주로서 알코올의 일부가 아세트알데히드로 변환되는 숙성 과정이 없다보니 위스키 종류보다 숙취는 더 강한 편이라고 느껴졌다.

시중에 유통되는 **소주의 경우,** 희석식이다보니 알코올의 잡향이 많이 느껴지고, 그러다보니 합성첨가물을 많이 넣게 되고 실제로 숙취도 꽤 있는 편이다.

맥주의 경우, 종류에 따라 다르지만 숙취가 꽤나 있는 편이다. 보통 배부름 때문에 소맥으로 마시거나 2차 이상 회식이 이어질 경우 맥주를 자주 마시게 된다. 따라서 맥주 자체의 숙취도 있지만 가벼운 술이라고 인식하며 과음으로 이어져 숙취가 유발되는 경우도 많은 술이다.

와인의 경우, 발효주로서 무수아황산, 탄닌, 메탄올(과실주는 과일의 펙틴 성분이 분해되면서 자연 생성되는 메탄올 함량이 높은 편이다.)과 같은 성분에 의해 숙취가 유발된다고 알려져있다. 하지만 최근 연구결과에 따르면 와인에 포함된 항산화물질인 퀘르세틴이 알코올 분해대사를 방해하여 특유의 숙취를 유발한다는 주장도 제시되고 있다.[120) 본인의 경우도 유독 같은 양의 알코올이라면 와인류에 대한 숙취를 실감하는 편이다.

막걸리의 경우도 발효주로서 기본적인 숙취가 맥주처럼 어느 정도 있는 편이다. 막걸리를 숙취가 강한 술로 분류한 이유는 일반적인 막걸리는 보통 '아스파탐'이 포함되어 있기 때문이다. 그 양이 어느 정도냐면 1병당 평균 73mg으로 아스파탐이 함유된 제로음료의 1.7배나 들어가 있다. 아스파탐은 앞서 '감미료는 나쁜 것인가?' 장에서 언급했듯 최악의 감미료로 보고 있는데, 시중 저가 막걸리는 거의 대부분의 상품에 아스파탐이 포함되어 있는 것이다. 아스파탐은 10% 가량이 메탄올로 대사되면서 그 자체로 독성 물질로 숙취를 유발할 수 있다.[121) 따라서 **막걸리를 마신다면 성분표를 유심히 보고 아스파탐이 포함되어있는지를 체크해보는 것이 좋다.** 술의 재료는 가급적 간단하게 끝날수록, 가령 물, 쌀, 누룩(밀함유) 이렇게 끝이라면 최상급 프리미엄 제품이라고 보면 된다.

술 마신 날의 대처

　지금껏 탄수화물이 우리 몸을 늙고 병들게 하는 마치 주적인 양 기술해 왔을 것이다. **그런데 술을 마신 날에는 효과적인 숙취 제거를 위해서 탄수화물이 꼭 필요하다.** 그것이 심지어 설탕, 과당, 포도당 형태일지라도 말이다. 먼저 알코올은 체내에 들어오면 간에 의해 크게 2차 해독 과정을 거치게 된다. 먼저 술을 먹었을 때 1차 해독과정으로는 알코올에서 아세트알데히드와 같은 중간대사물질로 변환과정이다. 이 과정에서는 주로 비타민B군과 미네랄, 그리고 비타민A와 C를 포함하여 항산화제가 주로 소모된다. 그리고 2차 해독과정에서는 중간대산물질을 무독성의 아세트산, 물, 이산화탄소 등으로 변환시켜 체외 배출을 위한 단계에서는 아미노산류와 황 성분이 주로 소모된다. 그리고 **이러한 1, 2차 과정에 모두에 관여하는 중요한 항산화제는 글루타치온이다.**

　이처럼 술을 먹게 되면 우리 몸은 비상사태에 놓이게 되고 최우선적으로 해독을 위해 수많은 영양성분들을 소모하게 된다. 그리고 이러한 과정을 원활하게 수행하기 위해서는 빠르게 전환가능한 에너지원인 탄수화물이 우리 몸에 매우 필요해지게 된다. 그래서 술을 마시고 고기만을 먹게 되면 속이 매우 허한 것처럼 되어서 밥이나 라면류, 달달한 안주가 먹고 싶어지게 되고, 이 과정을 무시하게 되면 다음 날에 해독 과정이 잘 이뤄지지 않아 숙취에 오랫동안 시달리게 되는 것이다. **실제로 술을 마시고 혈당을 측정해보면 평소보다 혈당이 훨씬 떨어져있는 것을 알 수 있다.** 과음하면서 고기 안주만 먹다보면 혈당이 80 밑을 웃도는 경우가 발생하기도 한다. 그래서 이럴 때에는 알코올 흡수를 늦추기 위해 버퍼 역할을 하는 단백질도 어느 정도 있으면 좋지만, 밥이나 감자, 고구마, 하다 못해 라면이나 과자류, 초코우유 등을 충분히 먹어주는 것이 술도 빨리 깰 수 있고 원활한 해독에 도움을 줄 수 있다. 거기다 **술을 마시면서 물을 자주 섭취해주면 좋고, 다만 술의 이뇨작용으로 인해 소변을 자주 보게 되어 체내 나트륨 배출량도 평소보다 더욱 늘어나므로 음식을 조금 더 짜게 섭취하는것이 좋다.** 그런데 맥주나 막걸리와 같이 자체적으로 탄수화물을 포함하거나 리큐르와 같이 설탕을 첨가한 술도 있으니 이 점도 고려할 필요는 있다. 따라서 **술을 마시면 일시적으로 심박수는 빨라지지만 혈관이 확장되어 혈압은 떨어지고, 해독을 하게 되면서 간에서는 글리코겐 분비가 줄어 혈당은 떨어지게되고, 이뇨작용으로 인해 소변 배출량이 많아진다는 점을 잘 기억해야 한다.**

마지막으로 적당히 마신 술은 체내 글루타치온을 활성화시켜서 다음 날 오히려 피부가 더 하얗게 보이는 경우가 있는데,[122] 다만 그것은 어디까지나 적당히 마셨을 때이지, 과음일 경우는 해당하지 않으므로 술을 적당히 마시되 과음은 자제하도록 하자.

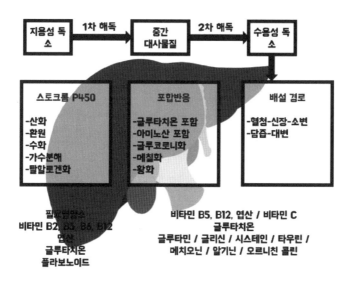

[간 해독 과정 그림]

영양제 등급표 및 세트구성

    범용성, 이점, 가격 등 모든 점을 종합해서 현대인들에게 가장 결핍되어있거나 필요하지만 음식물로는 섭취하기가 어려운 영양제의 단일 영양성분별 등급표이다. 개인적인 생각이니까 참고만 하길 바란다.

- S급: 오메가3, 비타민C, 아연, 요오드(rugol), 비타민K2
- A+급: 글루타치온, COQ10, 포스파티딜콜린(레시틴), 비타민D3, 비타민B12, 식이섬유, 바나듐, 크롬, 징코빌로바, TUDCA
- A급: 마그네슘, MSM, NMN, 크레아틴, 알파리포산, 토코트리에놀(비타민E), 프레그네놀론, 베르베린, 구연산, 소화효소
- B급: 레스베라트롤, 쿼르세틴, 밀크시슬, 아피제닌, 망간, 구리, 비오틴
- C급: 굳이 단일제품을 따로 구매하지 않음.

· 최고급세트

Nutrient packs(종합비타민), 오메가3, 비타민C, 마그네슘, MSM, 알파

리포산, 포스파티딜콜린, 토코트리에놀, 망간, 구리, 아연, 바나듐, 크롬, 요오드, 식이섬유, 글루타치온, NMN, 프레그네놀론, 베르베린, 구연산, 징코빌로바, TUDCA, 유산균, 박테리오파지

• 고급세트

Nutrient packs(종합비타민), 오메가3, 비타민C, 마그네슘, MSM, 알파리포산, 포스파티딜콜린, 토코트리에놀, 망간, 구리, 아연, 바나듐, 크롬, 요오드, 징코빌로바, 식이섬유

• 일반세트

Nutirient packs(종합비타민), 오메가3, 비타민C, 마그네슘, MSM, 알파리포산

• 최소세트

멀티비타민(닥터스베스트), 오메가3, 비타민C, 마그네슘

• 운동세트

크레아틴, HMB, 베타알라닌

- **노화 특화**

NMN, 프레그네놀론, 포스파티딜콜린

- **당뇨 특화**

NMN, 아연, 바나듐, 크롬, 베르베린

- **변비 특화**

식이섬유(차전차피), 유산균, 박테리오파지

- **건망증(치매) 특화**

프레그네놀론, 오메가3, 징코빌로바

- **피로회복 특화**

요오드, 구연산, 비타민B군

- **면역력 특화**

글루타치온, 비타민C

- **간기능 특화**

글루타치온, 비타민B군, TUDCA, 비타민C, 각종 항산화제

- **눈건강 특화**

루테인, 제아잔틴(Nutrient packs 중 health booster), 오메가3

- **소화기능 특화**

판크레아틴, TUDCA, DPPIV(닥터스베스트, 글루텐 레스큐)

내가 생각해본 구성은 이렇지만 본인이 중점적으로 생각하는 영양제가 있다면, 여기 구성세트를 참고하여 한두 가지 추가를 하거나 빼도 무방하다. 그리고 최근 투퍼데이 제품이 한국 통관버전인 V2가 출시되었는데, 기존 제품에서 비타민B12, 판토텐산, 크롬(실라짓) 성분이 빠지고 몰리브덴과 아연이 흡수율이 떨어지는 형태로 바뀌었다. 성분이 더 업그레이드된 것이 아닌 오히려 다운그레이드돼서 출시된 한국 버전의 제품인 것이다. 이는 우리나라 식약처의 '실라짓 통관금지'라는 안타까운 조치와 이러한 내용을 반영해서 리뉴얼한 제품인 것으로 보이므로 구매 시 참고 바란다. 그래서 현재 본인의 경우 **단일 종합비타민제를 기존 라이프 익스텐션(Life Extension)사의 '투퍼데이' 제품에서 캘리포니아 골드 뉴트리션(California Gold Nutrition)사의 '투어데이' 제품으로 바꾸어 섭취하고**

있다.(2025. 5. 16. 기준 투어데이 제품도 한국으로 통관이 불가해짐에 따라, 닥터스베스트 멀티비타민 제품(Multi-Vitamin Mineral Complex)으로 대체한다.)

그래서 뭘 먹는데?(영양제 정리)

　나의 경우 영양제를 이렇게 섭취한다. 하루 100개의 영양제를 섭취하는 레이 커즈와일에 비할 바는 아니지만 다양하게 조합해보고 가장 현실적인 가성비가 괜찮은 것들만 가져와서 구성했다. 또한 나는 개인적으로 하루 2끼밖에 먹지 않아 아래 나열된 것들은 하루에 다 먹는 것은 현실적으로 어렵기 때문에 **Day1, Day2, Day3로 구분하여 3일에 걸쳐서 골고루 섭취한다.** 회식이 있거나 상황에 따라 섭취하지 못하는 날에는 다음 날로 미루거나 운동보충제는 식사 종류 및 당일 운동여부에 따라 비정기적으로 섭취한다. 먼저 종류를 소개하고 실제 시간별 적용 루틴은 추후 나의 최종 일과표에서 서술한다. 참고로 2정(*2) 표시가 없으면 1정 기준 함량이다.

• 먹는 것 종류

- 라이프 익스텐션 뉴트리언트 팩: 이 제품은 라이프 익스텐션사의 기
  획상품으로 아래 제품들이 30개 낱개 포장으로 구성되어있다. 필수
  영양소 밸런스가 훌륭하며 따로 제품을 구매하는 것보다 훨씬 저렴
  하다. 그리고 뉴트리언트 팩에 포함된 투퍼데이는 비타민B12, 판토
  텐산, 크롬 성분이 포함된 기존의 버전이다. 추후 기존의 투퍼데이가
  V2로 바뀌어져있는지는 구매 시마다 계속 확인해보아야 할 것 같다.
  ○ 슈퍼 유비퀴놀: 고급형 coq10 100mg
  ○ 슈퍼 오메가3*2: DHA+EPA 도합 600mg, 허브추출물
  ○ 헬스 부스터: 비타민k2 및 macuguard(루테인, 제아잔틴, 카로틴등
    안구보조제) 혼합물
  ○ 커큐민 엘리트: 특수처리로 40배 이상 흡수율을 높인 강황추출물
    500mg
  ○ 투퍼데이*2: 현존 가성비 최강 종합비타민. 비타민+미네랄+항산화물
- msm: 닥터스베스트, 식이유황 1,500mg
- 마그네슘: 닥터스베스트, 킬레이트 마그네슘 100mg*2 또는 나우푸드
  마그네슘 시트레이트*2
- 오메가3: 파마젠, rtg 오메가3 1,300mg 또는 나우푸드 울트라 오메가3
- 구리: carlson, 킬레이트 구리 5mg
- 망간: 소스 내츄럴스, 킬레이트 망간 10mg
- 바나듐&크롬: 소스 내츄럴스, 크로뮴 함유 바나듐 200mcg, 1mg
- 아연: Now foods, 징크피콜리네이트 50mg(글루코네이트도 무방)

- nmn: 캘리포니아 골드 뉴트리션, nmn 파우더 600mg
- 포스파티딜콜린: 라이프익스텐션, 헤파토프로 포스파티딜콜린 900mg
  (포스파티딜콜린 420mg 고농축 레시틴 제품도 무방)
- 비타민C: 캘리포니아골드 뉴트리션, 비타민c 1,000mg(캡슐형 다른
  브랜드도 무방)
- 알파리포산: 닥터스베스트, 알파리포산 600mg, 또는 알리포산 100mg
  (Na-RALA)
- 토코트리에놀: 스완슨, 토코트리에놀 더블 스트렝스 100mg
- 미네랄 컴플렉스: 스완슨, Concentrace 미량 미네랄 복합체 1캡슐
- coq10&pqq: Lake Avenue Nutrition, coq10 100mg+pqq 10mg
- 박테리오파지: 아서앤드류 메디컬, 플로라파지 프로바이오틱 멀티플
  라이어 1,000,000pfus
- 유산균: 아서앤드류 메디컬, 신톨AMD 유산균주 혼합체 34억마리
- mct오일: 캘리포니아골드 뉴트리션, 오가닉mct oil 15ml
- 식이섬유: 광동, 차전차피 6g
- 프레그네놀론: 스완슨, 10mg
- 요오드: optimox, iodoral 12.5mg
- 베르베린: 뉴트리코스트, 베르베린 600mg 1캡슐
- 구연산: 뉴트리코스트, 구연산 1000mg 1~2캡슐
- 소화효소: 닥터스베스트, 글루텐 레스큐, 1캡슐
- 은행추출물: 뉴트리코스트, 징코빌로바 120mg, 1캡슐
- TUDCA: 뉴트리코스트, TUDCA 250mg, 1캡슐
- 단백질 및 운동보충제:

○ 단백질보충제: 캘리포니아 골드 wpi(무맛), 프로틴소다

○ 크레아틴: 뉴트리코스트, 크레아틴 파우더 2g

○ 베타 알라닌: 뉴트리코스트, 베타알라닌 파우더 1.5g

○ HMB: 뉴트리코스트, HMB 파우더 1.25g

- 종합비타민(2025. 5. 16.): 닥터스베스트, Multi-Vitamin Mineral Complex

03

. . . .

안 먹어서
지키는 건강

간헐적 단식과 다이어트

　지금에서야 간헐적 단식은 그다지 다이어트나 건강 관리에 관심이 없는 사람에게도 한 번쯤 들어본 적이 있는 개념이 되었지만, 불과 5년 전만 해도 일부 명상과 결합하거나 혹은 종교적인 이유로 시행되곤 하는 수행의 성격이 있는 개념이었다. 그도 그럴 것이 과학적으로 입증이 되지 않았기에 이론상으로 단식을 통해서 건강상 이점이 있다고 생각하는 사람은 거의 없었기 때문이다. 그런데 이러한 생각들은 2016년 일본의 오스미 요시노리(大隅良典)교수의 단식을 통한 오토파지(autophagy)라고 불리는 자가포식 현상이 규명되면서 완전히 달라졌다.[123]

　오토파지, 즉 자가포식 현상이란 신체 내에 영양소가 부족할 경우 세포 내 리소좀(Lysosome)이라는 기관이 오래된 세포나 노폐물, 단백질 찌꺼기등을 분해하여 에너지원으로 삼거나 보충해주는 현상을 말하는데 이 과정이 우리가 배고픔을 느끼거나 단식을 할 경우에는 매우 활발하게 일어난다는 것이다. 쉽게 말하자면 이러한 재활용 과정을 통해 신체 내 노폐물을 제거하고 몸이 깨끗해지는 것이다. **다이어트 목적뿐 아니라 노화 방지에도 영향을 미치는게 입증이 된 셈이다!** 여기서 한 가지 의문점이 있을 수 있다. 간헐적 단식의 효과는 단순히 식사 횟수가 줄었기 때문에 먹는 양의 절감에서 오는 효과가 아니냐고. 이에 대한 재미있는 실험이 있다. 쥐에게 같은 칼로리의 음식량을 똑같이 설정하고 운동량도 같게 하여 다만 식사 주기를 한 쪽은 8시간, 한쪽은 24시간으로 설정하였을 뿐인데 후자가 전자에 비해 지방간이 더 심하고 비만한 것을 확인하였다는 점이다.[124]

어찌 됐건 비만인의 경우에는 이번 장의 간헐적 단식만 잘 실천해도 다이어트로 인한 정상적인 체중 유지와 이로 인한 직접적인 외형적 젊음을 얻을 수 있고, 심혈관계의 이점과 오토파지 효과로 인한 노화방지까지 챙겨갈 수 있다. 그리고 다른 편의 5가지 방법과 같이 결합한다면 그 시너지는 무시무시할 것이다.

간헐적 단식과 저탄고지

간헐적 단식의 중점은 인슐린 농도라고 앞서 설명하였다. **식사횟수를 줄이고 공복시간을 늘려 인슐린 소모량을 줄이는 것이다.** 그리고 저탄고 지 다이어트가 최근 사람들에게 많이 알려졌는데, 먼저 **저탄고지식이란 간단하게 말해서 탄수화물을 적게 먹고 고지방(포화지방 위주의)식이를 하는 것이다.** 이게 상식적으로는 몸에 광장히 무리를 줄 것 같지만 사실 그렇지 않다. 좀 더 근본적으로 보자면 우리가 에너지원으로 주로 쓰는 것은 탄수화물 기반의 글리코겐뿐만 아니라 지방 기반의 케톤체가 존재 한다. 그리고 우리의 **뇌는 이 두 가지를 모두 사용할 수 있는 하이브리드 이다.**[125] 그러다보니 저탄고지식을 하다보면 HDL, LDL수치가 같이 올라 가면서 중성지방 수치는 떨어진다.[126] 여기에는 두 가지 오해가 있다. 첫 번째는 ldl수치가 190이 넘어가면 병원에서 즉시 고지혈증 약을 처방해 야 한다고 말할 것이지만, 실상 LDL수치가 200이 넘어가지 않는다면 급 성심장 질환의 지표로서 큰 일관성은 없다는 사실이다.[127] 물론 LDL 190 이라는 수치가 정상 범위를 벗어난 수치가 맞기는 하지만, 사실상 심혈관 질환의 지표로서 더 큰 위험성이 있다고 평가할 수 있는 중성지방 수치에 대해서는 왜 그렇게 관대하게 생각하는 분위기인지 모르겠다는 뜻이다. 그리고 두 번째는 **중성지방수치는 지방이라는 이름이 무색하게 탄수화물 섭취가 늘수록 비례해서 증가한다는 것이다.** 그러므로 저탄고지 식이를 제대로 실시한다면 중성지방 수치는 떨어질 것이다. [128]

여기서 아주 중요한 것은 **심혈관질환의 지표로서 중성지방/HDL 수치야말로 매우 높은 연관성이 있다는 사실이다.** 이 수치는 3이 넘지 않게 관리해야 한다. 예를 들어 HDL수치가 60인데 중성지방수치가 150이 나왔다면 2.5이다. 그런데 중성지방 수치가 240이라면 4라는 수치가 나오므로 적극적인 관리가 필요한 것이다. [129] 또한 저탄고지 식이를 하다보면 케톤체를 주 에너지원으로 쓰면서 지방산을 운반하는 HDL과 LDL수치가 올라갈 수밖에 없다. 그런데 여기서 LDL수치를 떨어뜨리는 스타틴 약물을 사용하면 근육 및 신경계통에 문제가 발생할 수 있다는 점이다. [130] 왜냐하면 LDL 콜레스테롤은 새로운 뇌세포의 성장에 필수적이다. [131] 그런데 이것을 강제로 낮춰 버리면 건망증이 심해지고 기억력에도 영향을 미치게 된다. [132] 심한 경우 루게릭병(뇌와 척수의 운동신경 세포가 파괴되는 병)에 걸릴 확률도 폭증한다고 하는데, [133] 이 부분에 대해서는 아직까지는 논쟁이 있다. 하지만 앞서 뇌의학 관점에서 LDL 콜레스테롤의 역할을 바라본다면, 간과하기 어렵다고 본다. 아마 이 부분은 우리나라의 주류 의학계의 의견과 크게 대치되어 혼란이 있을 수 있을 것이다. 다만 오래 걸릴 뿐, 진실은 시간이 지나면 언젠가는 알려지게 되어있다고 생각한다.

인슐린 수치를 낮게 유지하자

간헐적 단식의 대표적인 효과인 오토파지, 즉 자가포식현상은 인슐린 수치에 달려있다.(그러나 반드시 전적인 것은 아니다.) 그러니까 인슐린 수치를 자극하지 않는다면 효과는 그대로 지속된다. 우리가 잘 알고 있는 인슐린은 췌장에서 분비되는 호르몬으로, 식사를 하고 높아진 혈당을 글리코겐으로 전환하여 세포에 저장하는 역할을 한다. 즉 혈당이 높으면 인슐린 수치도 증가하고 혈당이 낮으면 인슐린 수치도 감소한다. 간헐적 단식을 통해 공복상태가 길어지고 계속해서 인슐린 수치가 떨어지면 우리 몸은 체지방을 분해하기 시작한다. 그리고 분해된 지방은 글리세롤과 지방산으로 나누어지는데 글리세롤은 뇌를 가동시키기 위해 포도당으로 합성되어져 공급되고, 나머지 지방산은 주로 각종 장기와 근육으로 보내어져 에너지원으로 사용된다. 당연히 이 과정에서 노폐물 청소과정인 오토파지 현상도 같이 매우 활발해진다.

그러면 여기서 포도당, 즉 탄수화물 포함되지 않은 순수 단백질파우더와 같이 거의 대부분이 단백질이거나 아미노산을 섭취한다면 포함된 간헐적 단식으로 인한 오토파지 효과가 유지될까? 이 경우는 사실 복잡한 내용을 거치지만 결론은 부정적인 영향을 받는다. 사실 이해를 돕기 위한 부분이였지만 오토파지 현상 자체가 기계처럼 On, Off 같은 딱 이분법적으로 일어나는 현상은 아니고 실질적으로는 정도(활성화)의 차이라고 이해해야 한다.[134] 비록 순수 단백질이나 아미노산이 인슐린을 분비를 자극하지는 않지만 mTOR라는 효소를 자극하게 된다. mTOR는 세포의 성장과 재생에 중요한 역할을 하는데, mTOR는 오토파지와 상호 반비례의 관계에 있다. 따라서 단백질 및 아미노산의 섭취는 mTOR라는 효소를 활성화하게 된다. 그런데 mTOR가 활성화 되면 오토파지 현상은 억제된다. 이러한 점 때문에 오토파지 현상을 극대화하기 위해 하루 날을 잡아 단백질 단식(protein fasting)까지 하는 사람들도 있지만, 이 과정은 근육 합성량까지도 희생해야 하므로, 나는 하지 않는다.

간헐적 단식 방법

간헐적 단식의 효과가 과학적으로 입증되면서 많은 방법들이 등장하고 있다. 그러나 **가장 보편적으로 사용하는 방법은 16:8과 20:4**이다. 16:8은 8시간 내에 아침과 점심, 혹은 점심과 저녁을 먹고 수면시간을 포함하여 16시간 공복을 유지하는 방법이다. 일주일에 5회 정도 실시한다. 20:4는 아침, 점심, 저녁 중에 4시간을 벗어나지 않는 선에서 한 끼나 식사를 나누어 먹고 20시간 공복을 유지하는 방법이다. 입맛이 없으면 가끔 한 달에 1~2회 정도 실시한다. 물론 한 가지 방법만 고수하는 것이 아니고 위 두 방식을 섞어도 무방하다. 한 끼 식사당 먹는 양을 크게 늘리지만 않는다면(보통은 하루에 3끼를 먹는 것보다 전체 식사양은 자연스럽게 줄어든다) 다이어트 효과도 같이 가져간다. 당연히 전체 식사량이 줄기 때문이다.

다만 목적에 따라 근육량을 유지한다든지 공복에 속 쓰림 문제가 있는 사람들이 있다. 그럴경우 탄수화물이나 단백질이 거의 포함되지 않은 거의 순수 지방질의 음식(키토제닉 간식)이나 데이브 아스프리가 창안한 버터를 녹인 방탄커피를 마시는 것은 무방하다. 이전 장에도 언급했지만 순수 지방의 섭취는 오히려 오토파지를 촉진할 수 있고, 혈중 인슐린 수치와 아미노산 양을 증가시키지 않는다면 간헐적 단식의 오토파지 효과는 그대로 유지되기 때문이다. 한 가지 주의할 점은 혈당조절이 쉽지 않은 당뇨인의 경우는 저혈당의 위험이 크므로 권장하지 않는 편이며 이 경우 전문의와의 상담이 필요하다. 그런데 사실 우리가 모든 시간을 철저하게 지키기는 현실적으로 어려우므로 나는 그냥 입맛 없을 때 한 끼 굶고, 기왕 굶는김에 좀 더 굶어서 공복시간을 길게 가져가는 방법으로 더 쉽게 실천하고 있다. 핵심은 폭식은 하지 않되 점심 저녁 2끼 식사시간의 간극(8시간 정도)을 줄이고 공복시간을 길게 가져가는 것이므로 몰아서 먹고 배고픔을 느끼면 오토파지로 인해 체중도 줄고 덜 늙기 때문이다. 또한 사람의 개별적 특성(신진대사, 체중, 기타 특이사항)이나 그날 그날 컨디션은 다르므로 간헐적 단식의 개념을 이해하는 정도로 족하고 '철저하게'나 '완벽하게'라는 개념을 영양섭취와는 달리 간헐적 단식에 적용하지 않길 추천한다.

최소 단백질량과
소금 섭취량을 지키면서 단식하라

간헐적 단식을 하면 식사횟수가 줄다보니 섭취하는 음식물의 양이 줄게 된다. 그러다보니 단백질의 양도 줄게 되는데, 그렇게 되면 근육량의 소실이 커진다. 근육은 그 자체가 포도당 연소의 발전소가 되므로 많을수록 혈당관리에 유리하기 때문에 유지하는 것이 중요하다. 이 경우 고기 섭취량을 늘리거나 단백질보충제를 이용하는 것은 매우 좋은 방법이다. 그리고 최소 단백질 요구량은 통상 체중*1g으로 생각하면 된다. 예를 들어 70kg인 성인 남성의 최소단백질 요구량은 70g이다. 그런데 직접 간헐적단식을 하면서 2끼 식사를 해보면 평균 식사당 40g의 단백질을 섭취하는 것이 쉽지 않다는 것을 알게 될 것이다. 때문에 단백질보충제를 섭취하는 것은 매우 유용하다. 나의 경우는 70kg의 체중을 유지하지만 웨이트트레이닝을 하므로 보충제의 도움을 받아 하루 95~110g 정도의 단백질 섭취를 위해 노력하고 있다. 참고로 단백질 보충제를 고르는 요령은 '먹어서 지키는 건강' 편에서 자세히 다루었다. 그리고 식사횟수가 줄면 자연스럽게 소금 섭취량도 함께 줄어들게 되는데, 거기다 이러한 고단백식까지 하게 되면 소화가 잘되지 않을뿐더러 힘이 안나고 기운이 떨어지면서 마치 면역력이 떨어지는 듯한 컨디션 난조가 발생할 수 있다. 따라서 따로 소금을 추가로 섭취해주는 것을 권장하며, 기회가 된다면 국물을 다 마셔 버리는 것이 좋다. 나의 경우 급할때는 라면을 끓여서 국물 위주로 다 마셔 버리기도 한다.

커피와 카페인 섭취를 줄여라

커피와 카페인에 대한 나의 견해를 말하겠다. 눈치가 빠른 사람들은 이 글이 '안 먹어서 지키는 건강' 편에 있다는 것부터 아마 나의 생각을 대강 알아차렸을 것이다. 일단 우리가 커피를 마시는 이유는 맛과 향, 그리고 분위기 때문이기도 하지만 식후 졸리지 않고 맑은 정신을 유지하려고 하는 카페인의 각성 효과 때문에 마시는 경우가 대부분일 것이다. 나는 커피를 백해무익으로 보지는 않는다. 왜냐하면 공부를 하거나 집중해야 할 때 도움을 주기도 하고 운동보조제의 부스터 역할을 해서 강도 높은 운동을 지속할 수 있게 해 주기도 하니까 분명 적당히 마신다면 이점이 있기 때문이다.

그런데 대한민국 사람들은 커피를 너무 많이 마신다. 한두 잔도 아니고 세 잔, 혹은 그 이상 마시는 사람들도 수두룩하다. 커피의 카페인은 우리 몸에서는 독으로 취급한다. 그러니까 해독이 필요한 물질로 인식한다. 그리고 커피로 인해 당장의 각성효과는 얻어도 여러분이 수면에 들기까지 시간이 길어지고, 수면에 들었다고 해도 수면의 질은 떨어진다. 결국 **카페인은 '신용카드' 같은 존재라는 것이다.** 신용카드의 빚은 어짜피 갚

아야 하는 것이고, 많이 빌릴수록(마실수록) 부채는 커지게 되어있다.

　또한 **중요한 사실은 카페인은 대사 과정에서 칼슘 흡수를 방해하거나 배출량을 늘려 평상시보다 반드시 체내의 칼슘을 많이 소모하게 되어있는데, 골밀도가 낮으면서 커피를 많이 마신다면 여러분들은 골다공증에 걸릴 위험이 대단히 높아진다.** 그렇다면 비타민D3와 K2를 평소 보충하면서 어느정도 방어선을 구축하고 마시던가, 아니면 커피 섭취를 줄여 카페인 섭취량 줄이던가 적어도 둘 중 하나는 해야 부작용을 최소화할 수 있을 것이다. 또 다른 문제는 젊은 사람들의 경우 그나마 무설탕의 아메리카노를 먹는 것이 아니라 라떼 종류의 달달한 커피를 선호하는 경우가 많다는 것인데, **가뜩이나 탄수화물 기반의 식사를 하여 식후에 혈당이 올라가 있는 상태에서 평균 당류가 30g에 육박하는 설탕 덩어리 커피를 마신다면 혈당은 급격히 상승하게 된다.** 비유하자면 불난 집에 기름을 끼얹는 격이다. 그리하면 이제 여러분은 빠르게 당뇨인의 반열에 들어서게 될 것이다. 당뇨는 정말 사람을 빠르게 늙고 병들게 만드는 만병의 근원인데,[135] 식후에 카페라떼를 먹는 상황은 수면의 질 저하뿐 아니라 혈당 폭발의 상황까지도 초래한다는 것을 잘 알고 있어야 할 것이다. 그러니 건강을 위한답시고 이런저런 쓸데없는 것을 신경 쓰는 것보다도, 식후에 카페라떼 한 잔만 안 먹어도 사실 여러분의 건강은 크게 개선될 것이라고 확신한다.

04

. . . .

운동으로
지키는 건강

운동은 그 누구도 대신 해줄 수 없다

    유산소 운동이든 무산소 운동이든 운동의 건강상 이점은 이미 여러분 누구나 잘 알고 있다. 나는 운동에 대해 먼저 이 말을 해두고 싶다. **아무리 억만장자라 한들, 운동은 결코 누가 대신 해줄 수 없다는 것이다.** 물론 전문 코치가 붙고 최고의 운동기구와 편의시설을 갖춰있으면 운동하기 수월하겠지만 어디까지나 그뿐인 것이다. 그리고 외형적인 변화가 있기까지는 가장 오래 걸리는 일일지도 모른다. 그 대신에 효과는 중첩된다. 꾸준한 근력운동으로 잘 다져온 몸은 하루 아침에 만들어지지도 않지만 하루 아침에 사라지지도 않는다. 몸의 항상성 때문이다. 그리고 탄탄한 근육질의 외형적인 몸의 형태(Shape)는 보충제와 영양제만 먹는다고 만들어지지 않는다. 오직 운동만이 가능하다.[136] 이쯤에서 운동을 통해 얻고자 하는 것을 알아보자.

체지방이 나쁜 것만은 아니다

비만은 만병의 근원이다. 건강적인 측면에서도 최악이지만 심각한 비만은 영구적인 살 처짐을 유발한다. 그런데 활동량이 부족한 현대인들에게 과한 체지방이 문제가 된 것이지 체지방 자체가 나쁜 것만은 아니라는 점도 분명히 말하고 싶다. 사실 체지방 문제는 영양적인 부분에도 상당 부분 관여하지만 운동편에 언급하는 이유는 운동하면 주로 다이어트나 근육과 체지방을 먼저 떠올리기에 이 장에서 언급하기로 한다.

먼저 체지방은 단순한 에너지원으로서 존재하는 것이 아니다. 관절의 윤활작용, 충격으로부터의 신체 보호, 체온 유지, 아름다운 피부와 형태 유지, 그리고 호르몬 합성에도 필수적이다. 그 예로 전문 보디빌딩 선수가 시즌기에 맞춰 체지방 컷팅을 하게 되면 남성호르몬인 테스토스테론의 수치는 거의 반토막이 난다.[137] 성호르몬의 작용이 조금 더 복잡한 여성의 경우에는 심할 경우 생리가 불균형해지거나 멈추는 등 건강에 더 영향이 좋지 않다. 물론 이는 극단적인 경우지만 **체지방이 너무 부족할 경우에는 호르몬 합성이 원활하지 않기 때문이다.** 따라서 전문 운동선수들도 그런 몸 상태를 잠깐 유지하지 1년 내내 유지할 수도 없을 뿐더러 건강에 매우 좋지 않다. 그렇다고 멋진 몸매를 위해 다이어트를 포기하라는 말은 전혀 아니다. 근육량에 따라 차이는 있을 수 있지만 남성의 경우 통상 정상적인 체중에 체지방률이 12%만 되어도 소위 말하는 '식스팩'이 드러난다. 호르몬 수치나 건강에도 무리가 없는 수준이다. 여성의 경우 20% 정도는 건강에 무리없이 아름다운 외형을 유지할 적정한 수준이다. 다음 장에서는 적당한 근육질로 건강한 몸매를 유지하고 노화 지표를 되돌리는 방법에 대해 알아본다.

무산소 운동

　운동을 크게 나누자면 무산소 운동과 유산소 운동이 있다. 비록 편의상 유산소 운동과 무산소 운동 두 가지로 나눠 설명하겠지만 사실 어느 하나만을 양립시킬 수는 없다. 순수 무산소 운동이나 순수 유산소 운동은 존재하지 않기 때문이다. 왜냐하면 크로스핏처럼 이 둘을 넘나드는 운동도 존재하며 근력 운동이라 할지라도 반복횟수를 늘리면 유산소 운동에 가까워진다. 그리고 두 운동 각자의 장단점이 존재한다. 운동법 관련해서는 인터넷, 블로그, 유튜브 등에서 이미 워낙 상세하게, 전문적으로 다루고 있어 주로 운동이 노화에 미치는 영향을 주로 살펴보기로 한다.

　먼저 무산소 운동은 여러분들이 잘 아는 헬스장에서의 근력운동이나 역도, 단거리 달리기가 해당된다. 이러한 종류의 운동을 통해 부피가 크고 폭발적인 힘을 내는 속근(백색근)이 발달하게 된다. **속근은 체형을 바꿀 만큼 부피가 크고 힘이 세다.** 이러한 무산소성 근력 운동으로 생성된 근육은 점차 체형을 변화시키게 되면서 기능적으로는 관절 보호의 역할을 수행한다. 대표적으로 허리에 있는 척추기립근이 발달하게 되면 허리가 굽거나 디스크가 오는 것을 예방한다. 뿐만 아니라 **무산소성 운동으**

로 근육량이 증대되기만 해도 당뇨 예방에 효과적이다. 근육은 그 자체로 잉여 칼로리를 태워내고 글리코겐 저장소로서의 역할도 하는데 비유하자면 발전소의 역할과 동시에 일정 부분 저수지나 댐의 역할도 수행하게 되는 것이다. 그래서 의사들은 대근육인 허벅지나 엉덩이 근육량으로 환자의 건강 수명을 예상하기도 한다. 그런데 대부분의 사람들은 근육량을 키우는 것이 생각만큼 쉽지 않다. 왜냐하면 원시시대에는 생존에 불리한 조건이 되었기 때문이다. 한마디로 연비가 낮은 셈이다. 우리가 에너지소모에서 효율적인 이족보행을 하면서 다른 동물들과 비교해 근육을 키우기 힘든 이유가 아마 이것에 있을것으로 추측된다.

그리고 근육 운동과 관련된 중요한 팁이라면 **'근육은 부분을 키울 수 있지만 체지방은 부분을 뺄 수 없다'**는 점이다. 신체 체지방 비율은 개개인의 체질에 따라 차이는 있지만 몸 전체적으로 찌거나 빠진다. 그래서 종아리살을 빼기 위해 종아리운동을 열심히 하는 사람들을 종종 보는데, 사실 이는 안타깝게도 근비대를 통해 종아리 근육을 더 두껍게 만드는 것이 된다. 그러니 하체가 비만하다면 하체근육이 남달리 발달했을 가능성이 높으므로 상체근육을 키워 밸런스를 맞춘 후 전체적으로 커팅해야 비율을 맞출 수 있는 것이다. 나의 경우는 헬스장에서 주 2회 2분할로 운동하되 상하체를 그날 모두 단련한다. 가령 상체는 어깨, 가슴, 삼두를 단련하면 하체는 스쿼트와 데드리프트를 하는 식이다. 그리고 등, 허리, 복근, 이두를 단련하는 날은 레그 익스텐션, 이너타이, 힙 어브덕션과 같은 하체 운동 기구를 주로 사용한다. 부위마다 80%의 강도로 10~12회 3~5rm 수행하고 그 날 컨디션에 따라 원하는 부위를 추가하여 도합 1시간 정도 무산소 운동에 투자한다. 이것은 내가 주로 하는 방식을 소개한 것으로 운동종류, 그리고 운동강도나 구체적인 방식은 각자에게 맞게끔 지속가능한 정도로 실천하길 바란다.

유산소 운동

유산소 운동은 걷기, 수영, 에어로빅, 장거리 달리기 등이 있다. 이러한 종류의 운동을 통해 부피는 작지만 고반복, 근지구력에 특화된 지근(적색근)이 발달하게 된다. 인터벌 러닝과 유산소 운동은 전체적인 근육 내 혈류량을 순식간에 증가시킨다. 심장의 펌프 작용은 동맥을 통해 피를 온몸으로 보내지만, 정맥을 통해 다시 피가 돌아오는 작용은 근육의 수축에 상당 부분 의존하고, 특히 심장과 가장 거리가 먼 다리의 경우 혈압이 0 수준에 가깝게 떨어지기도 한다. 그래서 **특히 뛰는 운동처럼 하체를 주로 사용하는 유산소 운동을 하면 피가 세차게 돌고 혈액순환이 원활해지는 것이다.** 우리는 이러한 운동을 통해 원활해진 혈액순환으로 즉시 기분(mood)을 변화시킬 수 있다. 유산소 운동은 이러한 작용이 뛰어난데 심박수를 증가시켜 피가 세차게 돌기 시작하면 각종 호르몬 생성이 원활하게 되고 기분을 좋게 만드는 세르토닌과 도파민도 활성화 된다. 그리고 땀이 나면서 중금속과 각종 노폐물도 배출할 수 있다. 거기다 **유산소 운동은 뇌기능에도 영향을 미친다.** 유산소 운동이 학습능력이나 기억력 증대에 많은 도움이 된다는 많은 학술 논문이 존재한다.[138] 따라서 운동의 효과를 제대로 누리기 위해서는 두 종류의 운동을 병행하는 것을 추천한다. 각자 장단점이 있기 때문이다. 한 가지 종류의 종목만으로 둘 다 커버가 가능하다. 예를 들어 헬스장에서 1시간 정도 근력운동 후 5~10분 빠르게 러닝머신 뛰는 방법이다.

습관적인 운동(매우 중요)

  습관적인 운동은 근육을 키우는 개념의 운동은 아니고 혈액순환과 컨디셔닝, 내분비건강 유지에 중점을 운동이다. 주로 매우 바쁜 직장인들이나 여유가 없는 사람들을 위해 의사들이 권장한다. 2시간마다 5분 정도씩의 중, 고강도운동을 수행하는데, 극한의 효율을 뽑아내기 위해 하체운동에 비중을 많이 둔다. 나는 주로 헬스할 시간이 없을 때 빈 공간에서 간편하게 실시할 수 있는, 자신의 체중을 이용하는 맨몸운동을 선호한다. 예를들어 점핑스쿼트, 팔굽혀펴기, 버피테스트, 턱걸이, 쉐도우복싱, 사이클링머신이 있을 경우 사용하기도 한다. **중요한 것은 5분이라는 짧은 시간 내에 숨이 차오르는 정도(심박수 160)의 강도는 뽑아내주어야 한다.** 습관적 운동을 제대로 수행하고 있다면, 이 경우 당분간 별도의 운동을 하지 않아도 최대한 체형과 건강을 오래 유지할 수 있다.

  그리고 나는 이 운동을 따로 무산소, 유산소운동과 구분짓지 말고 매일 해야 한다고 생각한다. **특히 식사 시작 40분 이후부터는 혈당이 올라가게 되는데, 습관적인 운동을 이때쯤에 실시한다면 혈당이 순간적으로 치솟는 구간을 상당히 완만하게 만들며 효과적인 혈당관리에 매우 큰 도움이 된**

다. 특히나 당뇨인들의 경우 식후 1시간 안에 혈당수치가 순식간에 180을 넘어가 버리는데, 그러면 고혈당으로 인해 혈관, 신경계, 장기에 손상이 가기 시작한다. 그래서 쉽지 않겠지만 **식사 후에 눕거나 앉지 말고 적어도 걷는 운동 습관이라도 만들어놓는다면, 식후에도 혈당수치가 140이 넘지 않도록 체계적 관리가 가능하다.** 연속혈당측정기를 한번 사용해보면 식후에 혈당수치가 얼마나 변하는지 5분 단위로 측정해주고 그래프를 그려주므로 나의 몸 상태에 대해 중요한 많은 정보를 얻을 수 있을 것이다.

아래는 현재 당화혈색소 5.3%인 본인의 연속혈당그래프의 상황별 측정 결과이다. 최대한 여러 상황을 만들어 테스트 해보았으니 모두에게 유용한 참고자료가 되었으면 좋겠다. 또한 본인도 해당 분석 결과를 통해 당화혈색소 수치를 4%대로 개선시키기 위해 노력할 것이다.

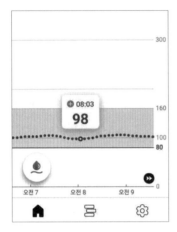

기상 및 평온한 상태.

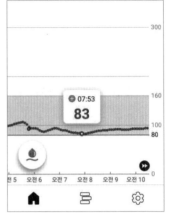

술을 마신 후 다음 날 숙취인 상태. 알코올의 혈당 강하 효과는 이처럼 강력하다. 술을 마실 때만큼은 충분한 탄수화물 기반의 안주를 섭취하도록 하자.

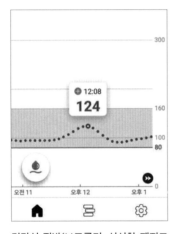

건강식 집밥(브로콜리, 싱싱한 돼지고기, 두부, 집반찬, 밥은 반 공기, 그리고 토마토 1개)을 먹고 적당히 움직였을 때의 혈당 그래프. 매우 좋은 상태.

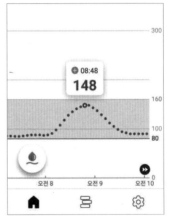

숙취 상태에서 컵라면을 먹었을 때의 혈당그래프. 따로 움직이지는 않았고 숙취 상태가 다소 개선되었다. 이처럼 숙취 상황이나 몸이 안좋을 때와 같이 특수한 상황 하에서는 탄수화물이 약이 될 수 있다.

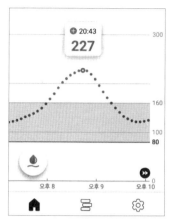

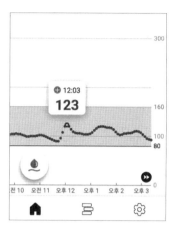

순대국에 밥을 빠르게 말아먹고 일부러 계속 앉아있거나 가만히 누워서 관찰해 보았을 때의 그래프이다. 혈당이 미친듯이 오르고 내리는 것을 확인할 수 있다. 당뇨가 없는 정상적인 당화혈색소 수치를 가진 일반인도 이 정도로 높은 혈당피크 수치가 나올 수 있다.

짬뽕밥을 먹고 혈당이 오르는 순간 턱걸이, 딥스, 빠르게 걷기 등을 하였을 때의 그래프이다. 순대국과 비슷한 식사속도와 탄수화물 기반의 식사였으나, 그래프 모양은 전혀 다르다.

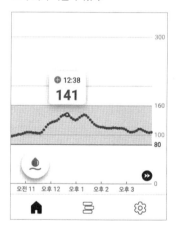

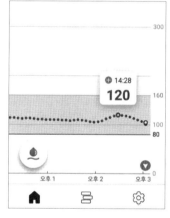

햄버거 세트를 먹고 혈당이 오를 때 5분 정도만 빠르게 걷기 및 뛰기를 하고 별다른 운동을 하지 않았을 때의 그래프이다. 운동을 그만두니 살짝 치솟는 쌍봉 형태의 그래프가 나온다. 만약 운동을 전혀 하지 않았다면 혈당이 160 이상 나왔을 것으로 추측이 된다.

식사 겸 락토프리우유+단백질보충제+버터+키토제롬 초콜릿을 먹고 별다른 운동을 하지 않았을 때의 혈당 그래프이다. 약 700Kcal의 고단백, 고지방이다보니 포만감은 상당히 오래갔지만 움직이지 않아도 혈당이 거의 오르지 않는다.

테스트 결과 음식의 종류마다 꽤나 차이가 있었지만 **통상 식사로부터 40분부터는 혈당이 오르기 시작한다.** 만약 오후 12시에 식사를 시작했다면 12시 30~50분 사이부터는 혈당이 오르기 시작한다는 것이다. 이것은 소화과정을 거친 후 소장에서 영양소 흡수가 일어나는 것으로서 사실 혈당이 오르는 현상 그 자체는 당연한 자연의 섭리인 것이다. 그러나 얼마나 이를 완만하게, 그리고 변동이 적게 유지할 수 있는 가는 여러분의 노력이고, 각자의 습관에 따라서 결과는 천차만별이 될 수 있다는 점이다.

재미있는 사실은 현미밥이건 쌀밥이건 그런 사소한 옵션들은 혈당 증가속도에 거의 차이가 없었다는 점이다. **복합 탄수화물도 결국 당은 당이기 때문이다.** 중요한 것은 무엇을, 얼마나 먹는가이고, 특히 밥을 국에 말아 먹는 습관은 당신의 혈당을 아주 빠르게 증가시킬 것이다. 그리고 **식후 운동의 혈당 강하 효과는 보다시피 매우 강력하다는 것이다.**

사우나의 효능

  나는 좋은 헬스장을 고를 때 생각해야 할 사항을 다음과 같은 순서로
고려한다.

1. 가격
2. 거리
3. 목욕탕의 여부
4. 헬스복 지급
5. 운동기구 구비 정도

  조금 특이하게 생각할 수도 있는점이 거리 다음으로 고려하는 점이 목
욕탕이 있는지 여부이다. 목욕탕은 탕이 있고 보통 사우나가 있다. 나는
꽤나 오랫동안 헬스를 해왔기 때문에 시설이 낙후되고 운동기구가 조금
부족해도 기구없이도 덤벨과 바벨만으로 수행가능한 프리웨이트 운동법
을 많이 숙지하고 있다. 따라서 초보자의 경우는 위 순서를 바꾸어 생각
해도 무방할 것이다. 어쨌거나 헬스를 1시간 정도 한 후 단순히 샤워하기

보다는 탕에 들어가거나 사우나를 할 경우 몸에 피가 확 돌고, 매우 개운한 것을 느낄 수 있다. 과장을 더 보태자면 바깥 공기가 찬 겨울녘에는 사우나 후 나가보면 **무릉도원이 따로 없다는 생각이 들 정도이다.** 사실 헬스 후 샤워만해도 개운해지기는 하지만 목욕탕이 있으면 그 개운함이 배가 된다. 그리고 실제로 사우나는 물리적으로 피의 온도를 상승시켜 혈관을 확장하고 순간적으로 혈액순환이 원활해지게 한다.[139] 그리고 마무리 샤워하기 전에는 '스팀타올'이라는 얼굴 각질제거 요법도 같이 실시한다. 스팀타올의 방법에 대해서는 바르는 건강 챕터에서 구체적으로 설명하니 생략하도록 한다.

인바디(Inbody)와 ffmi

헬스장에 처음가면 인바디(Inbody) 기계가 설치되어있는 곳이 많이 있다. 통상 인바디를 측정한다는 말을 자주 하곤 하는데, 이는 체성분 검사를 뜻하는 것이지만 사실 정확하게 말하자면 인바디는 회사의 이름이다. 인바디라는 회사가 유명해지다보니 고유 명사화된 것이다.[140] 인바디의 측정 원리는 근육 부위보다는 체지방 부분에 수분 양이 적기 때문에 전류가 잘 흐르지 않고, 이 점을 이용해 미세 전류를 보내어 근육량과 체지방 양을 측정하는 방식이다. 그래서 인바디 기계를 통해 팔, 다리 등 신체 부위의 근육량은 적당하며 밸런스가 맞는지, 내장지방과 체지방의 상태는 적당한지 등을 측정할 수 있다. 한 가지 중요한 점은, **운동을 통해 특정부위의 근육은 키울 수 있지만, 체지방은 특정부위를 뺄 수 없다는 것이다.** 따라서 하체 비만인 사람이 신체 밸런스를 맞추려면 먼저 상체 운동을 위주로 해서 근육량을 키우고 다이어트를 통해 전체적으로 살을 빼야 한다. 간혹 헬스장에서 종아리의 살을 뺀답시고 종아리 운동에만 더욱 매진하는 사람을 보곤 하는데 그 운동은 오히려 종아리 근육을 강화시키는 운동이라 볼 수 있다. 초심자의 경우는 헬스장에 가서 별다른 목적 없이 여러가지 기구를 써가며 운동해도 어느 정도 자동으로 신체 밸런스는 맞춰지지만, 좀 더 밸런스에 신경을 쓰고 싶다면 위 원리를 정확하게 숙지할 필요가 있다.

FFMI(Fat Free Mass Index)는 제지방량지수의 약자이다. 단순 키와 몸무게로 비만율을 측정하는 기존의 BMI 개념에서 근육과 지방의 비율을 고려하여 더 정밀하게 몸 상태를 판단할 수 있는 지수라고 볼 수 있다. 만일 **근육량이 많은 운동인들을 단순 BMI 방식으로 계산해 버린다면 쉽사리 비만으로 측정이 돼 버리기 때문에** 이러한 점을 보완한 훨씬 구체적인 지표라 할 수 있다. FFMI의 계산식은 간단히 l/h^2로 나타낼 수 있는데 여기서 l은 제지방량, h는 키를 말한다. 그런데 제지방량은 체지방률을 제외한 몸무게를 말하므로 자신의 체지방률이 몇 %인지를 알아야 계산할 수 있다. 가령 자신의 키가 173cm에 체중 70kg, 체지방률이 15%라면 l은 70*(100%-15%)=59.5kg이 되고, $h^2=1.73^2=2.9929$ 이므로 19.88이다. 그런데 실제로는 이 수치에 키에 따른 보정치를 넣어줘야 하는데 이를 Adjusted FFMI라고 한다. 수식은 FFMI+{6.1*(1.8m-신장)} 이므로 Adjusted FFMI는 19.88+{6.1*(1.8m-1.73m)}=20.3이다. 요새는 굳이 직접 계산할 필요없이 인터넷에 계산기가 따로 있어 체지방률과 몸무게를 알고 있다면 자동으로 계산이 가능하다. 그리고 한가지 중요한 점은 FFMI 지수는 체지방률이 20% 미만일 때에나 어느 정도 정확도가 있는 것이므로, 체지방률이 그 이상일 경우에는 신뢰도가 낮다는 점을 알고 있어야 한다. 인터넷에는 운동에 관심이 있는 사람들이 남녀별 FFMI 기준 점수대를 만들어 대상자가 어느 정도 구간에 해당하는지 직관적으로 확인할 수 있는 자료를 만들어둔 것들이 많다.

FFMI SCALE		비고
16	평균 이하	가벼운 운동이 필요한 구간
17		
18	평균 수준	일반 성인 남성 평균 구간
19		
20	평균 이상	생활 체육인의 구간
21	일반인 상위권	
22	훌륭	
23	아주 훌륭	일반적으로 알려진 내추럴의 한계점
24		
25		
26	놀라움	유전적 재능이 필요한 구간
27		
28	아주 놀라움	내추럴로 달성이 불가능에 가깝고 로이더도 쉽지 않은 영역
29		
30	상식을 벗어난	미지의 영역

[남자기준 FFMI 그래프]

FFMI SCALE		비고
13	평균 이하	가벼운 운동이 필요한 구간
14	평균 수준	일반 성인 여성 평균 구간
15		
16	평균 이상	생활 체육인의 구간
17	훌륭	엘리트 생활 체육인의 구간
18		
19	아주 훌륭	일반적으로 알려진 내추럴의 한계점
20		
21	놀라움	내추럴로 달성이 불가능에 가깝고 로이더도 쉽지 않은 영역
22		

[여자기준 FFMI 그래프]

다만 위 자료는 과학적 근거가 다소 부족한 자료이므로 참고용으로만 보기 바란다. 통상 남자 기준 FFMI가 25가 넘으면 아나볼릭 스테로이드 사용자라는 인식이 있는데 이는 1995년 한 논문에서 83명의 약물 사용자와 비사용자 74명의 표본을 바탕으로 FFMI를 측정한 자료에서 인용된 것으로 보인다. 그런데 이 자료는 그 점을 대변하기에는 표본 숫자도 부족하고 현재 기준으로는 30년이 지난 자료이다. 참고로 대표적인 유명인들의 알려진 FFMI 지수는 다음과 같다.

역대 최강의 레슬링 선수 알렉산더 카렐린 30.17
자유형 레슬링 국가대표 남경진 28.6
아놀드 슈왈제네거 28.02
스켈레톤 금메달리스트 윤성빈 26.41
운동 유튜버 말왕 23.99
경량급 보디빌더 설기관 24.53
가수 김종국 23.63
축구선수 호날두 21.73

코르티졸에 대한 오해

코르티졸은 인체에 필수적인 스테로이드성 호르몬이다. 그리고 **코르티졸이 없으면 사람은 죽는다.**

그런데 이 코르티졸이 나쁜 것인 줄 알고 오해하는 사람들이 너무 많다. 코르티졸은 신체 내 콜레스테롤을 원천으로 합성되는데, 앞서 기술한 호르몬 보충요법에 코르티졸의 합성경로를 알 수 있다. 기본적인 코르티졸의 역할은 신체의 스트레스 반응에 매우 중요한 역할을 한다. 그리고 탄수화물, 단백질, 지방을 포도당으로 전환시켜 에너지 대사를 조절한다. 또한 염증 반응을 조절하고 혈압을 상승시킨다. 기억력과 학습 능력을 유지하는 데에도 아주 중요한 역할을 한다. 그러니까 오히려 코르티졸이 부족하면 피로감, 무기력증, 면역력 약화, 염증 반응 증가, 기억력 감소 등이 발생하는 것이다.

그런데 이 코르티졸이 과다 분비되면 과도한 긴장, 불면증, 고혈압이 유발될 수 있다. 그러면 이해가 빠른 사람들은 눈치챘겠지만, **코르티졸이 문제가 아니라 코르티졸이 과다하게 분비되는 상황이 문제가 되는 것이다.** 가령 야간 근무, 수면 부족, 늦은 시간까지 스마트폰을 하거나 스트레스를 받는 일, 혹은 특정 영양이 결핍 되는 문제로 내분비계통의 문제도 존재한다. 그러니까 어째서 와전된 것인지 모르겠는데 코르티졸은 우리 몸에 매우 중요한 호르몬이고, 이 호르몬이 과다하게 분비될 수밖에 없는 상황이 문제인 것이다.

논문에 따르면, 울트라마라톤 참가자들이 경주 전후로 비타민C를 1,500mg 섭취했을 때, 코르티졸과 아드레날린의 증가가 현저히 감소했다고 한다.[141] 실제로 비타민C는 코르티졸 수치 조절하며 스트레스 상황을 더 효과적으로 관리할 수 있도록 도와준다. 사람의 경우 비타민C를 체내에서 스스로 합성할 수 없지만, 대부분의 동물은 비타민C 체내 합성이 가능하며, 동물을 케이지에 가두거나 인위적인 스트레스 상황에 노출시키면 체내합성량이 5배까지도 증가한다고 알려져있다.[142] 그런 이유로 나는 스트레스 상황에서는 비타민C 섭취량을 조절해서 섭취하며, '먹어서 지키는 건강' 편의 비타민 장에서도 다루었지만 하루 평균 비타민C를 6g 정도 섭취하고 있다. 다만 병적으로 코르티졸 수치가 높다면, 이는 내분비계의 이상일 수 있으므로 전문의의 상담과 코르티졸 수치 검사를 시행해보기를 권장한다.

05

바르는 건강

기본적인 사항

　피부 상태는 개개인마다의 차이가 크지만, 기본적으로 스킨 로션과 같은 화장품들은 피부의 적당한 수분, 유분 밸런스를 맞춰주고 보습을 도와주기에 바르면 피부보호에 도움이 된다는 것은 누구나 아는 사실이다. 그런데 화장품의 역할은 거기까지이다. 그 이상의 효과를 위해서 콜라겐, 비타민C 등 온갖 좋은 성분들을 첨가해봤자 일반적인 방법으로는 피부 속까지는 흡수시킬 수 없기 때문이다.[143] 박테리아나 바이러스도 침투하지 못하는 튼튼한 장벽을 무슨 수로 뚫는다는 것인가.[144] 그러므로 만약에 모공이나 땀샘으로 극미량 흡수가 된다고 한들 그 비중은 1% 미만이 될 것이다. 이것이 대부분의 화장품에 대한 불편한 진실이다.

　또한 우리의 피부에는 피지, 소위 개기름이라 불리우는 것들이 기본적으로 천연 화장품으로서 그 역할을 한다. 그리고 이것이 제대로 분비되지 않으면 피부가 갈라지거나 트게되고 반대로 과다하면 번들번들거리거나 여드름을 유발하게 되는 것이다. 같은 맥락으로 세안용품에 대해서도 크게 다를 생각이 없다. 진한 화장을 하는 경우에는 더 강한 세정력이 필요할 수 있으나 들이는 노력에 비해서 특별한 결과를 내놓지 못하기 때문이다. 이러한 이유로 나는 세안에 쓰는것은 3~4종류, 바르는 화장품도 딱 3종류만 쓴다.

세안용품

· 샴푸

샴푸는 일반 시중에 파는것을 쓴다. 모발이 얇은 편이긴 하지만 값비싼 탈모 샴푸는 쓰지않는다. 굳이 더 따진다면 지성이나 건성 등 유형에 맞게, 그리고 향이 어떤지 정도를 따진다. 최근에 뉴스에 탈모샴푸 업체들이 허위 및 과대광고로 대거 행정처분을 받은 사실이 보도되었다.[145] 나는 사실 훨씬 이전부터 샴푸의 과장 효과에 대해 회의적이었기 때문에 이 사실이 그다지 놀랍지도 않았다. 그 이유는 첫 번째, 직접 여러 종류를 써봤는데 별 차이를 알 수 없었고 두 번째, 설령 효과가 있었다고 한들 가격에 비해서 효과가 너무 미미했다. 따라서 탈모가 고민이라면 샴푸는 그냥 세정용으로 쓰고 거기에 돈을 투자하기보다는 다른 방법을 강구하는 것이 훨씬 효과적일 것 같다.

• 폼클렌징

폼클렌징도 그냥 일반 시중에 파는 것을 쓴다. 마찬가지로 세안에 큰 투자할 만한 가치를 느끼지 못한다. 그렇지만 비누와 비교하자면 제형이나 거품입자의 크기면에서 차이가 크기 때문에 세안효과는 폼클렌징 형태가 확실히 비누와는 크게 차이가 난다고 본다.

• 바디워시&물비누

샤워할 때 주로 샤워타올과 바디워시를 쓰지만 정말 바쁠 때에는 물비누를 사용하기도 한다. 그래도 고체형태의 비누보다는 물비누를 선호하는 이유는 꼼꼼하게 녹여내지 않으면 씻고 나서 남는 비누 찌꺼기 때문에 덜 씻기거나 피부에 남아서 피부에 트러블이 날 수 있기 때문이다. 그리고 양치를 할 때 혀도 꼭 닦아야 하는 것처럼, 바쁘더라도 아포크린샘(땀샘)이 다른 부위보다 많아 더 신경 써서 씻어야 하는 부위가 있다. 바로 **목 뒤, 귀 뒷부분, 겨드랑이, 사타구니, 그리고 접촉이 많아 땀이 잘 차는 팔과 다리의 접히는 부위이다.** 이 부분을 잘 씻지 않으면 흔히 암내라 부르는 땀 냄새가 많이 나게 된다.

화장품

• 라보페 페넬라겐 부스팅토너

이 화장품은 세안 후에 얼굴과 목, 손등에 바른다. 기존의 콜라겐 화장품과는 다르게 페넬라겐이라는 '에토좀' 기술이 효과적으로 진피층에 콜라겐을 전달한다. 에토좀이란 인지질 형태의 전달체로서 피부 진피층에 콜라겐 등을 담아 운반이 가능한 물질이다. 이 기술은 영양제 흡수율을 증대시키기 위해 자주 사용되는 리포좀 기술과 거의 흡사한데 피부는 점막과 달리 크게 각질, 표피, 진피층으로 구성되어 훨씬 두꺼우므로 탄성을 증가시켜 내구성을 개선한 것이라고 보면 된다. 어쨌든 이 화장품을 내가 쓰는 이유는 과학적인 근거가 있다고 판단했으며, 직접 써보니 피부 탄력 개선면에서 약간의 효과를 보았고, 가격이 다른 화장품들에 비해서 그렇게 비싸지 않았기 때문이다. 최근 기존 라보페 제품이 한층 개선되어 페넬라겐 함량도 증가되고 할인 행사도 자주 하므로 기회가 되면 여분으로 조금 더 사두기도 한다.

· 더마비 마일드 모이스쳐 바디로션

나는 겨울을 제외하고는 바디로션을 거의 쓰지 않는데 최근에 날씨가 영하권에 도달하면서 피부가 건조하게 되었다. 개인적으로 향이 진한 바디로션은 선호하지 않는데 이 제품은 가격이 저렴하면서 피부자극물질은 거의 없고 보습력도 괜찮고 무향이라는 점이 마음에 들었다. 단점은 딱히 없는데 굳이 찾자면 발림성이 조금 떨어진다. 이 두 가지 작업으로 씻고 나서 기본 보습을 하면 자외선 차단제를 얼굴과 목에 바른다. 자외선 차단제에 대한 자세한 내용은 다음 장에서 다룬다.

자외선 차단제와 종류

자외선 차단제는 피부건강을 위해서 너무나 중요하다. 어느 정도냐면 화장품과 자외선 차단제 둘 중 하나만 택하라면 1초도 고민하지도 않고 바로 자외선 차단제를 고를 정도이다. 그러니까 둘 다 바르면 좋지만 만약 화장품을 못 바르더라도 자외선 차단제는 반드시 쓰는 것이 중요하다. 자외선 차단제는 크게 두 가지 종류로 나뉜다. **첫째, 무기화합물 형태의 자외선 차단제(무기자차) 둘째, 유기화합물 형태의 자외선 차단제(유기자차)**

먼저 무기화합물 형태의 자외선 차단제는 말 그대로 무기질인 티타늄디옥사이드, 징크옥사이드와 같은 광물질을 재료로하여 물리적으로 피부 표면에서 자외선을 반사하는 방식의 자외선 차단제이다. 반대로 유기화합물 형태의 자외선 차단제는 에칠헥실살리실레이트, 호모살레이트, 아보벤존과 같은 합성 화학물질로 자외선을 흡수한 후 열에너지로 바꾸어 방출하는 방식의 자외선 차단제이다. 그리고 최근에는 이 두 가지 형태를 혼합한 자외선 차단제인 **혼합 자외선 차단제(혼합자차)** 제품도 등장하고 있다. 무기자차의 장점은 피부에 흡수되지 않아 자극이 적으므로 피부가 민감한 사람이 사용하기 좋으며, 단점으로는 낮은 발림성, 그리고 피부가 하얗게 뜨는 백탁현상이 있다. 반면에 유기자차는 백탁현상이 없고 발림성이 좋지만 경우에 따라 눈시림, 피부자극이 있을 수 있다.

일반적으로 자외선 영역은 A, B, C가 존재하며, 파장에 따라 100~280nm는 UVC, 280~315nm는 UVB, 315~400nm는 UVA로 나누어진다. 그런데 이 중 UVC 영역은 실제로 오존층에 의해 거의 차단되어 지표상에 도달하지 않는다. 그래서 일부의 UVB와 대부분의 UVA에 영향을 받는데, **UVB에 대한 차단능력을 SPF로 나타내고, UVA에 대한 차단능력을 PA로 나타낸다.** 예를 들면 SPF35, PA+++와 같은 표기 방식이다. SPF의 경우 50 이상인 제품들이 많지만 실제로 SPF 수치가 35만 되어도 UVB 차단율은 96% 이상이 되며, SPF50의 경우 UVB 차단율은 98%이다. 그리고 PA지수의 경우 +가 붙을수록 UVA의 차단율이 2배씩 증가하며, PA+의 경우 UVA 차단율 50%, PA++의 경우 75%, PA+++의 경우 87.5%, PA++++의 경우 93.5%의 UVA 차단율이 된다. 아래는 원료별 차단되는 파장이다.

· **무기자차 원료**

- 티타늄옥사이드 290nm~400nm(UVB+UVA)
- 징크옥사이드 280nm~400nm(UVB+UVA)

이 두 가지 무기질 원료는 제조사에서 가공한 입자크기에 따라 특정 파장대에서의 차단율을 더 우수해지게 만들거나 반대로 모든 파장대에서 고르게 조절이 가능한 것으로 알려져 있다.

• 유기자차 원료

- 티노솔브M(메칠렌비스-벤조트리아졸릴테트라메칠부틸페놀) 280nm
  ~400nm(UVB+UVA)
- 비스에칠헥실옥시페놀메톡시트리아진 290~400nm(UVB+UVA)
- 옥토크릴렌 290~400nm(UVB+UVA)
- 옥티노세이트 290~320nm(UVB)
- 호모살레이트 290~320nm(UVB)
- 옥시벤존 290~320nm(UVB)
- 에칠헥실메톡시신나메이트 290~320nm(UVB)
- 에칠헥실살리실레이트 290~320nm(UVB)
- 메틸벤조트리아졸릴부틸살리실레이트 290~320nm(UVB)
- 아보벤존(부틸메톡시디벤조일메탄) 320nm~400nm(UVA)
- 디에틸헥실부틸파라메톡시신나메이트 320~400nm(UVA)
- 디에틸헥실살리실레이트 320~400nm(UVA)
- 다이에틸아미노하이드록시벤조일헥실벤조에이트 320~400nm(UVA)

위 원료 이외에도 다른 원료가 더 있으며 신소재는 계속해서 개발 중인
데, 유기질 재료는 대부분 무기질 재료에 비해 280nm 파장과 그 이하대
에서는 차단율이 떨어진다. 또한 비슷한 파장의 차단 원료임에도 차단율
은 다를 수 있는데, 예를 들어 아보벤존과 디에틸헥실부틸파라메톡시신
나메이트는 둘 다 320~400nm 자외선을 차단할 수 있다. 하지만 디에틸헥
실부틸파라메톡시신나메이트는 아보벤존보다 360nm 구간 이상의 차단

율은 더 높고, 반대로 그보다 낮은 구간에서는 아보벤존보다 차단율이 떨어진다. 또한 특정 성분만 과량일 경우 피부에 트러블을 유발할 수 있으며 원료별 지속시간에 차이도 있으므로 같은 파장의 차단성분일지라도 화장품 회사에서 다양한 원료를 조합하여 연구하고 제품을 제작하고 있는 것으로 보인다. 참고로 본인의 경우 가격, 발림성, 구매의 용이성 모두를 고려하여 '식물나라 산소수 가벼운 선젤 로션' 제품을 사용하고 있다.

스팀타올

    나는 운동을 하고 나서 씻으러 목욕탕에 갈 때면 얼굴을 세안하기 전에 스팀타올이라는 것을 한다. 스팀타올은 약 40도가 살짝 넘는 뜨거운물을 바가지에 담아 타올을 잘 씻은 후, 물기를 짜서 얼굴에 얹는 것이다. 그렇게 스팀이 나는 수건을 얼굴을 살짝살짝 눌러가면서 5회~10회 정도 반복하면 폼클렌징으로도 제거되지 않던 각질들이 제거되어 피부가 반짝반짝해진다. 이 효과는 제법 오래가서 최대 3일까지도 광이 나는 듯하기도 한다. 그런데 주의할 점은 **스팀타올을 한 다음에는 반드시 로션크림을 발라주어야한다.** 그렇지 않으면 피부가 당길 뿐 아니라 오히려 건조해져서 주름이 생길 가능성이 크다. 정말 아무것도 챙겨오지 않았다면 목욕탕에 비치된 로션이라도 바르길 권장한다.

MTS

    MTS(Microneedle Theraphy System)란 0.25~2mm 내외의 미세한 침으로 피부에 구멍을 뚫어 화장품의 유효성분이나 수분을 강제로 공급하는 피부관리 방법을 말한다. 피부과에서도 피부관리를 위해 활발하게 시술하고 있으며 최근에는 좀 더 편리하고 저렴하게 사용할 수 있는 홈케어 제품도 많이 출시되고 있다.

    mts는 크게 2가지로 구성된다. mts본체, 그리고 성분이 담긴 앰플이다. mts본체는 롤러식, 스탬프식, 전동식이 있는데, 스탬프식은 초보자의 경우 힘 조절이 다소 어렵고 전동식은 가격이 비싸므로 롤러식이 홈케어용으로 가장 적합하다고 본다. 또한 바늘의 길이는 길수록 자극이 강해지고 상처가 날 수 있으므로, **혼자서 관리하는 정도로는 0.25mm가 가장 적합하다.** 그리고 앰플의 경우 유효성분으로는 수분 공급을 위한 히알루론산이나 피부 재생 및 탄력을 개선하는 PDRN성분 등이 주로 사용된다. 그 외 다양한 유효한 성분들도 많이 조합된 제품이 판매되고 있으나 가격이 꼭 비싸다고 좋은 것은 아니니 유효성분의 함량을 따져보는 것이 중요하다.

    그리고 위 두 가지가 준비되었다면, MTS를 실시하는 방법은 간단하다.

먼저 세안을 한 후에 성분 앰플을 도포하며, 그곳을 mts 롤러로 적당 횟수 반복하여 밀어 준다. 그리고 한 번 더 그 위에 앰플을 도포하는 방식이다. 롤러의 크기가 작기 때문에 얼굴 전체를 한번에 실시하는 것이 아니라 8~12부분으로 세분화시켜 실시하는 것이 좋다. 그리고 롤러를 미는 방식은 자연스럽게 피부 결대로 밀어주면 되며, 한 가지 주의할 점은 **MTS 실시에 앞서 반드시 손소독과 청결한 상태에서 해야 한다는 점이다.** 통상 mts 주기는 1~2주일에 한 번 정도 실시하는 것이 좋으나 피부자극을 고려하여 한 달에 한 번 정도씩만 실시해도 충분하다.

06
· · · · · · · · · · ·

숨쉬는 건강

미세먼지

미세먼지는 소리 없는 살인마이다. 미세먼지는 질산염, 탄소 화합물, 중금속 등으로 이루어져 있는데 여러분들이 숨을 들이쉬면 공기중의 미세먼지가 즉시 폐동맥을 타고 혈관을 통해 피에 섞이게 된다. 이 중 일부는 인체 내 면역반응을 일으키고 이로 인해 생성된 혈전이 점점 쌓이다가 심장이나 뇌혈관을 막아 버리기도 한다. 이는 몹시 치명적이다.[146] 뿐만 아니라 기관지염, 피부병과 눈병, 폐암도 유발한다.[147]

일반적으로 10마이크로미터(PM10)이하의 먼지를 미세먼지, 2.5마이크로미터(PM2.5)이하의 먼지를 초미세먼지라고 정의한다. 대기중에 미세먼지와 초미세먼지 농도가 각각

30/㎥, 15/㎥ 이하면 좋은 상태,
80/㎥, 35/㎥ 이하면 보통 상태,
150/㎥, 75/㎥ 이하면 나쁜 상태,

151/㎥, 76/㎥ 이상이면 매우 나쁜 상태로 분류하는데 **비가 오는 것도**

아닌데 대기 상태가 뿌옇고 뭔가 이상하다면 미세먼지 농도를 체크해보고 가급적 외출을 자제하거나 마스크를 착용하는 것이 좋다.

공기청정기

　공기청정기는 인위적으로 공기를 빨아들여 오염물질을 정화시켜주는 기계장치이다. 전기집진방식, 물필터방식, 음이온방식, 필터방식등이 있으나 일반적으로 이용에 편리하고 가정에서 쓰기 적합한 방식은 필터방식이며 물리적으로 미세먼지등을 직접 걸러주기 때문에 그 성능이 확실한 편이다. 또한 음이온식처럼 활성산소나 오존이 발생할 우려도 없다. 최근에는 브랜드가 다양해지면서 실시간으로 미세먼지수치를 알려주고 공기오염 수치에 따라서 자동으로 팬속도를 조절하며 또한 필터 자체의 여과능력도 과거에 비해서 비약적으로 발전했기에 선택의 폭은 더욱 다양해졌다.

　그러나 공기청정기는 밀폐된 공간에서 호흡으로 인해 낮아진 산소 농도를 높여줄 수 없고, 가스 상태의 이산화탄소와 건물에서 자연적으로 생산되는 방사성물질인 라돈은 제거가 불가능하다. 그렇기에 **공기청정기를 하루종일 틀어놓는다고 해도 하루 2회, 5분 이상의 환기는 필수적이다.** 이는 설령 미세먼지농도가 높은 날이라고 할지라도 예외 없이 적용된다.

공기청정기 고르기

이 장에서는 필터식 공기청정기를 구매할 때 고려할 사항에 대해 설명한다. **필터식 공기청정기**에 대해서만 설명하는 이유는 산업용이 아닌 일반용 혹은 가정용으로 쓰기에 가격도 저렴하고 주기적인 청소도 필요치 않으며 관리가 용이하고 성능도 확실한 점 등 장점이 많기 때문이다. 물론 요리, 흡연 등 사용 환경에 따른 내구성 차이가 나고 수명이 다 된 필터를 정기적으로 교체해주어야 하는 단점도 있다. 먼저 필터는 여과성능에 따라 EPA(10~12등급)[148], HEPA(13~14등급)[149], ULPA(15~16등급)[150]으로 나뉜다. 필터등급이 높을수록 미세먼지 제거율은 높아지지만 촘촘해진 여과망으로 풍량이 세져야 하므로 소음이 커지고 소모 전력은 많아지며 가격이 매우 비싸진다.

나의 경우는 샤오미에서 만든 미에어4 Lite제품을 구매해서 사용하고 있다. 0.3μm이하의 미세먼지를 99.95%까지 제거 가능한 HEPA등급의 필터를 기본 장착하고 있으며 먼지농도, 온도, 습도만 깔끔하게 표시되는 다이얼과 버튼도 2개밖에 없어 설치 및 사용법이 무척이나 간단하다. 가격도 상당히 저렴하여 매우 우수한 제품이라고 생각한다. 공기청정기를 가정용으로 사용할 때에는 사무실과 달리 거실을 중심으로 여러 개의 방이 구분되어 있는 경우가 많아 고성능, 고용량의 제품을 하나만 구매해서 사용하기보다는 적당한 성능의 저용량 제품을 여러 개 구매해서 구역마다 설치하는 것이 훨씬 효율적이다. 예를 들어 거실에 큰 용량 제품 하나, 자주 이용하는 큰 방과 작은방에 작은 용량 제품을 하나씩 두는 식이다.

가습기

　우리나라의 경우 겨울이 되면 찬 공기에 의해 온도도 내려가지만 공기도 건조해진다. 통상 **실내습도는 40~60%가 적절하다고 알려져있다.**[151] 적정습도보다 습도가 낮으면 피부에 좋지 못할 뿐 아니라 목이 건조해져 감기에 걸리기 쉬워지고, 반대로 너무 습하면 불쾌지수가 올라가고 곰팡이가 쉽게 증식한다. 여름철에 날씨가 더워지면서 습도가 높을때 에어컨을 틀면 온도와 습도를 동시에 조절해주므로 제습기를 사는 경우는 드물다. 그러나 겨울철 실내 공기의 건조함은 가습기를 따로 구매하지 않으면 조절하기 힘들기에 이번 장에서는 가정용으로 사용하는 가습기의 종류와 구매요령에 대해서 다뤄본다.

・ 초음파식 가습기

　초음파식 가습기는 가장 흔하게 볼 수 있는 타입으로, 물을 증발 시킨다기보다는 초음파로 물을 잘게 쪼개 미세한 물방울이 빠르게 증발되어 습도를 올리는 방식이다. 초음파식은 가격이 저렴하고 전기세도 적게 든다는 큰 장점이 있지만, 세균 번식의 문제가 있어 자주 세척해주는 것이 중요하고, 또한 순수한 증발 형태가 아니기 때문에 물 속에 포함된 석회 등의 미네랄이 주변에 쌓이는 문제가 있다.

· 가열식 가습기

가열식 가습기는 전기를 통해 물을 끓여 강제로 습도를 올리는 방식으로, 사용과 동시에 뜨거운 온도로 자연스러운 살균이 가능하고, 스팀과도 같은 고온의 가습으로 건조한 겨울철에 쓰기에는 가장 최적의 가습기 형태라고 볼 수 있다. 다만 가열식 가습기 제품군들의 비교적 높은 가격대와 많은 전기세, 그리고 고온의 스팀이나 제품의 떨어뜨림으로 인한 화상 위험이 크다는 단점이 있다.

· 증발식 가습기

증발식 가습기는 가장 자연스러운 가습 방식으로, 물을 채운 수조에 팬이나 디스크를 회전시켜 수분을 빠르게 증발시키는 방식이다. 장점으로는 전기세도 많이 들지 않고 고온에 의한 안전 문제도 없으나, 단점으로는 즉각적인 가습 능력이 떨어질 수 있고, 세척이 번거롭고 자주 해주어야 한다는 단점이 있다. 또한 증발식 가습기는 특성상 좁은 공간보다는 사무실이나 거실과 같은 넓은 공간에서 사용하기 더 적합하다.

이처럼 가정용으로 쓰이는 가습기는 크게 3종류인데, 방의 크기, 사용자, 경제적 비용을 고려하여 잘 선택하는 것이 중요하다.

이산화탄소 농도와 수면건강

　에어컨이나 난방을 통한 적절한 실내 온도(22~25도)와 공기청정기로 낮은 미세먼지, 가습기나 제습기 등으로 습도까지 적절하게 세팅하였다면 그다음은 환기를 통해 적정한 수준의 이산화탄소 농도를 유지하는 것이 중요하다. 겨울철에는 특히나 추워서 창문을 계속 닫아두는 경우가 많은데, 이러한 경우 호흡으로 인해 이산화탄소 농도가 높아지게 된다. 이산화탄소 농도가 높아지면 수면의 질도 떨어지고 잠을 자도 피로가 잘 회복되지 않는 경우가 많다. 아래표는 실내 이산화탄소 농도에 따른 인체 영향을 나타낸 것이다.

　일상생활에서 이산화탄소 농도가 10,000ppm까지 올라가는 경우는 거의 없지만, 그보다 훨씬 낮은 수준에서도 집중력이 저하되고 호흡 증가나 메스꺼움 등 불쾌감을 느낄 수 있다. 따라서 아무리 공기청정기와 가습기를 이용해 낮은 미세먼지와 적정습도를 맞추어도 실내에서 숨을 쉬면서 높아지는 이산화탄소 농도는 인위적으로 낮출 수가 없기 때문에, **하루에 5~10분 정도 가급적 2회 정도 환기를 하는 것은 필수이다.** 여름에는

권장 수치는 < 1000 ppm 입니다.	
200,000ppm (20%)	몇 초 내 의식불명 / 사망
80,000ppm (8%)	몇 분 내 경련, 의식불명 / 사망
30,000ppm (3%)	호흡곤란, 경련, 맥박 빠름
10,000ppm (1%)	맥박 증가, 두통, 어지러움 증가
5,000ppm (0.5%)	위생학적 한계치, 두통 호흡 빠름 메스꺼움
2,000ppm (0.2%)	호흡 증가, 환기 필요, 집중력 저하, 졸음 유발
1,000ppm (0.1%)	실내 허용치 / ASHREA 표준
800ppm (0.08%)	쾌적 상태
400ppm (0.04%)	대기 상태

[이산화탄소농도 그래프]

실외기로 공기가 자동순환되는 에어컨을 사용하거나 창문을 자주 열어 놓기 때문에 겨울철보다는 신경 쓰지 않아도 되는 부분이지만, 겨울에는 춥다고 문을 계속 닫아놓는 경우가 많아 높아진 이산화탄소 농도로 인해 정신이 맑지 못하고 갑갑함을 느끼게 된다. 이를 정확히 측정하고자 이산화탄소 농도측정기를 따로 구입하는 방법도 있다. 적정한 이산화탄소 농도를 유지하기 위해 매일 환기를 꼭 하도록 하자.

 이러한 준비가 완료되었다면 본격적으로 수면을 취하기에 앞서 적정한 소음 수준과 어두운 환경을 조성해야 한다. 주변에 소음과 같은 소리가 크다면 당연히 잠에 들기 어려울 뿐 아니라 수면의 질도 저하된다. 최근에는 백색소음기와 같이 수면에 도움을 주는 제품도 판매되고 있으니 이를 보조적으로 활용해보는 것도 괜찮은 방법이라 할 것이다. 그리고 조명은 최대한 어둡게 해서 불을 끄는 것이 중요하다. 수면 램프와 같은 보조 조명등을 하나 정도 켜고 자는 것은 어느정도 무방하나, 수면 호르몬인 멜라토닌의 분비는 어두울수록 원활하므로, **가급적 어두운 환경에서 취침하는 것이 양질의 수면을 취하는 데에는 가장 유리하다.**[152] 베개는 목 높이에 맞추되 너무 높지 않아야 하며 체형을 고려하여야 경추에 무리가 가지 않는다. 또한 베개는 재질과 형태가 있으므로 본인에게 가장 잘 맞는 형태의 베개를 찾는 것이 중요하다.

마지막으로 **수면시간은 7시간 30분이 최적이다.** 수면시간이 이보다 너무 짧아지면 뇌백질 병변이 증가하여 치매의 가능성이 늘어나고,[153] 반대로 너무 수면시간이 길면 심장병이나 뇌졸중의 위험이 늘어난다고 한다.[154] 그리고 혈당 문제는 이곳에서 또 등장하게 되는데, **수면시간이 너무 적거나 많으면 혈당이 비정상적으로 올라가거나 요동치는 문제가 발생한다.**[155] 이처럼 수면 건강을 위해서는 적절한 시간 동안 자는 것이 중요한데, 만약에 정 시간이 여의치 않는다면, 한 번씩 쪽잠을 자는 것도 유용하다. 예를 들어 2시간 정도 낮잠을 잤다면, 밤에는 평소보다는 조금 적게 자도 괜찮다는 것이다. 그 이유는 **수면 시간은 하루 이틀 정도는 저장의 효과를 볼 수 있기 때문인데,** 가령 전날에 10시간을 잤다고 하면 다음 날은 5시간만 자더라도 수면 부족의 영향을 덜 받을 수 있다.[156] 그러나 이것은 어디까지나 마땅치 않은 여건 속에서 최대한 수면시간을 보전하기 위함이고, 어디까지나 수면시간은 가급적이면 규칙적이고 적당한 시간 동안 자는 것이 신체의 항상성도 유지하고 건강에는 제일 좋다.

새집증후군

새집증후군이란 새로 건물을 짓거나 리모델링한 사무실에서 인테리어에 사용된 각종 접착제나 공업용 약품들 때문에 두통이나 답답함을 느끼게되는 증상을 말한다. 사실 새집증후군은 새 차에서도 똑같은 증상을 느낄 수 있지만, 차는 집보다 작고 양방향에 창문이 있으며 이용시간도 짧고 원하면 얼마든지 원활한 환기가 가능한데 반해서 집은 그러하지 못하므로 새집증후군이라는 이름이 붙게 된 것으로 보인다. 또한 새집증후군의 범주에 곰팡이에 의한 원인도 포함시키는 견해가 있는데, 곰팡이에 의한 오염 문제는 새집 헌집 할 것 없는 데다가 오히려 오래된 건물에서 더 많이 찾아볼 수 있으므로 여기서 제외하는 것이 맞다고 본다. 어쨌든 유해가스는 사람들마다 똑같은 농도일지라도 민감도와 증상이 조금씩 다르지만 건강에 해롭다는 점은 똑같다.

새집증후군의 주 원인인 유해가스는 HCHO(포름알데히드)와 TVOC(총휘발성유기화합물)가 있다. 먼저 HCHO는 포름알데히드를 뜻하는데, 포름알데히드는 특유의 자극적인 냄새가 난다. 대표적으로 가장 쉽게 접할 수 있는 새 옷 냄새가 바로 포름알데히드의 냄새이다.[157] 건축에서 포름알데히드는 주로 산업용 자재의 방부제로 쓰이는데, 1급 발암물질로서 위험하기 때문에 노출을 최대한 피해야 한다. TVOC는 총휘발성유기화합물을 뜻하는데, 벤젠, 톨루엔, 자일렌등 석유화합물에서 주로 파생된다. 이또한 석유계통 특유의 자극적인 냄새가 나는데, 노출될 경우 피부, 눈, 목등에 자극을 유발할 수 있다. HCHO, TVOC 위 두 수치는 인터넷에서 측정기를 구매하여 공기 중의 농도를 측정할 수 있는데, 가정용 측정기는 대략 5만 원 선 내에서 구매할 수 있다.

그리고 중요한 것은 이러한 유해한 가스로 인해 발생하는 새집증후군을 빠르게 해결하는 방법으로는 베이크 아웃(Bake out)이라는 방법을 많이 사용하는데, 이 방법은 실내온도를 35~40도로 높게 설정해놓은 뒤에 10시간 가량 밀폐를 유지시키고 나서 2시간 정도 모든 창문을 열어 환기를 하는 방법을 말한다. 또한 오염정도에 따라 이 베이크 아웃 과정을 3~5회 반복하여 실시한다. 이처럼 새집이나 리모델링한 사무실에 베이크 아웃을 실시하면 이전보다 확실히 HCHO와 TVOC의 평균농도가 내려가는 것을 확인할 수 있으므로 새집증후군에 효과적인 방법이다.

코골이와 수면무호흡

  수면은 우리의 몸과 마음이 쉬는 중요한 시간이다. 잘 때 코를 심하게 골면 피로회복이 제대로 되지 않는다. 특히나 코골이가 심해 숨이 잠깐씩 멈추는 수면무호흡이 발생하면 이는 심장마비나 뇌혈관 질환으로 이어질 수 있어 큰 문제를 야기할 수 있다. 코골이의 원인은 여러 가지가 있지만 가장 대표적인 원인은 비만, 코의(비중격 연골) 휘어짐 문제, 잘 때 입을 벌리는 습관, 그 외 구강구조의 문제점 등을 들 수 있다. 사실 비만을 제외한다면 자세 교정이나 외과적 수술, 수면보조 도구를 사용하는 수밖에는 없다. 따라서 비만인 경우 체중감량을 우선적으로 실시하며, 정상체중임에도 코골이 문제가 개선되지 않는다면 다른 방법을 강구해야 한다. 특히나 요즘은 전문병원에서 수면검사를 실시할 수 있는데, 이 검사를 통해 수면 중 발생하는 문제의 원인을 파악하고 그에 맞는 치료를 받을 수 있다. 따라서 코골이나 수면 무호흡이 중증일 경우, 수면 검사와 전문의의 진단을 통해 양압기 착용도 고려해볼 수 있다. 양압기는 심한 수면무호흡이 있는 사람에게 큰 도움이 될 수 있는 기계인데, 이 기계는 공기를 강제로 불어 넣어주어 숨길을 열어 코골이나 수면무호흡 증상이 생기는 것을 줄인다. 다만 생각보다 강한 압력에 처음에는 다소 적응이 힘들다고 하는 사람들이 많지만, 양압기를 사용하고 그제서야 깊은 숙면을 취할 수 있었다는 사람들이 많다. 참고로 양압기는 100만 원대가 넘는 고가의 기기인데, 병원의 진단 및 처방을 받으면 월 1~2만 원대의 렌탈이 가능한 제도가 있다고 하니, 자세한 내용은 병원에 상담해보길 바란다.

그리고 올바른 수면을 취하기 위해서는 어디까지나 수면 환경과 자세를 잘 조성하는 것부터 시작해야 한다. 통상 올바르게 누워서 자는 자세보다는, 옆으로 누워서 자면 기도 확보가 잘 되기 때문에 코골이 빈도와 강도가 훨씬 줄어든다.[158] 나머지는 앞서 언급했듯 소음을 줄이고, 방을 어둡게 하며, 적합한 베개를 찾는 것이 중요하다. 그리고 무엇보다 규칙적인 수면 습관을 유지하는 것이 중요하다. 건강한 수면은 건강한 삶으로 이어지므로, 좋은 수면 습관을 들여 건강을 잘 챙기기를 바란다.

불면증

불면증은 수면과 관련된 내용이다보니 구성 편의상 이번편에서 작성한다. 불면증의 원인은 심리적 이유, 생활패턴, 신체적인 호르몬의 문제 등 여러가지 다양한 이유가 존재하고, 불면증의 치료에 있어 가장 확실한 방법은 전문처방약을 복용하는 것이지만, 그러한 방법은 효과도 좋겠지만 부작용도 클 수 있으므로 최후에 시도하는 것이 좋다. **불면증의 유형은 크게 두 가지인데, 누워도 잠에 들지 못해 제때 못 자는 것과 잠에 들어도 새벽에 깨 버리는 것이다.** 여기서 잠에 못 드는 기준은 상당히 모호하고 주관적이라 확립된 기준 같은 것은 없다. 다만 한 번 잠에 잘 못 든 적이 있었다고 해서 불면증이라고 볼 수는 없고, 적어도 **일주일에 세 번 이상 그러한 증상이 있으면 의학적으로 불면증이라고 판단한다.** 불면증이 있다고 해서 바로 수면제 등의 약을 복용하는 것은 바람직하지 않고, 가능한한 약을 복용하지 않고 충분히 다른 방법을 시도해본 다음에 하는 것이 중요하다.

먼저 수면 호르몬인 멜라토닌이 제대로 분비되지 않으면 잠에 쉽게 들지 못하는데, 스마트폰의 밝은 빛은 이를 방해한다. 쉽지 않겠지만 적어도 수면을 취하기 30분~1시간 정도는 빛을 차단하고 스마트폰을 쓰지 않는 것이 불면증 예방에 많은 도움이 된다. 두 번째는 헬스나 등산이라던지 충분한 강도의 운동을 하여 몸의 에너지를 충분히 고갈시키는 것이다. 특히 자기 직전에 음식을 섭취하면 더부룩한 데다가 자는 동안에 소화기관도 계속 활동하여야하므로 숙면을 취하는 데 좋지 않다. 세 번째는 자기 전에 샤워나 목욕을 하면 상쾌한 기분과 함께 혈액순환이 잘 일어나 숙면을 취하기 좋다. 특히 발이 차면 잠에 쉽게 들지 못하기 때문에 발은 뽀송뽀송하고 따뜻하게 해주는 것이 좋다. 그리고 술을 마시면 일시적으로 중추신경이 억제되고 신체가 이완되어 잠에 잘 들게 되는데, 이 방법은 야간근무를 했다든지 시차가 바뀌었다든지 최후의 수단으로 한 번 정도 사용해볼 만한 것으로 비추천한다. 간혹 해외 출장이나 경기가 있어 시차적응이 되지 않을 때 운동선수들이 이 방법을 쓰는 경우가 종종 있다고 한다. 그리고 보통 불면증은 우울증세를 동반하는 경우가 많은데, 여기에 술도 계속 마실 경우 불면증, 우울증, 알콜중독이라는 조합으로 건강이 다 무너져 내리는, 최악의 상황이 발생할 수 있다. 불면증과 관련해서 외국에서는 멜라토닌을 처방전 없이 영양제처럼 판매하는 곳이 많지만 우리나라의 경우 호르몬제로서 멜라토닌을 전문의약품으로 취급한다. 멜라토닌은 적당량 사용 시 항암효과가 있을뿐더러[159] 조금 과량을 사용해도 부작용은 졸음, 두통 정도에 그칠 뿐 상당히 경미하다 볼 수 있는데[160] 우리나라 제도상 그리 되어 있으므로 이는 참 아쉬운 부분이다.

숙면에 도움을 주는 영양제로는 GABA(가바), 마그네슘, 트립토판, 테아닌이 있는데 마그네슘과 테아닌은 신경 안정의 효과를 주고, 트립토판은 멜라토닌의 합성을 돕는다. 다만 가바는 그 자체로 뇌의 신경계의 흥분을 억제하는 신경전달물질이지만, 아쉽게도 구조적 특성으로 혈뇌장벽 (BBB)을 통과할 수 없어 경구 섭취로는 효과를 볼 수 없다는 의견이 많다. 그러나 일부 연구는 가바의 경구섭취와 관련하여 이완효과나 수면의 질을 개선할 수 있다는 긍정적인 결과를 보여주었다는 연구결과도 있다.[161]

마지막으로 이러한 방법으로도 해결이 되지 않는다면 전문병원에 가서 불면증 진단과 처방을 받아야 하는데, 불면증의 심한 정도에 따라 다르지만 통상 수면제로 조피스타, 불안장애 개선을 위해 로라반정, 우울증 치료를 위해 팍실CR정 등이 전문의의 진단에 따라 처방될 수 있다. 이제껏 수면제로 많이 사용되었던 졸피뎀은 의존성이 크고 부작용이 많으므로 가급적 1차 치료제로서 권장되지 않는다. 그리고 가벼운 불면증세는 약국에서 처방전 없이 구매가능한 수면유도제가 있으므로 먼저 고려해 보는 것이 중요할 것이다.

07

. . . .

외형적 건강

비만

    현대인들의 영양 과잉문제와 운동부족으로 인한 비만율은 해마다 기록을 갱신하며 심각한 사회 문제에 이르고 있다. 비만은 체형을 망가뜨리고 외형적 건강을 해치는 주범이다. 당연히 건강에 해로운 것은 말할 것도 없고 그 자체로 관절에 무리를 주며 심리적으로는 대인기피증까지도 초래한다. 사실 WHO와 미국의사협회에서는 이미 꽤 오래전부터 비만을 질병으로 인정해왔으나 **아직까지 우리나라의 경우 비만을 질병으로 인정하지 않는다.** 다만 병적인 고도비만 환자의 수술 치료에 한해서는 2019년부터 그나마 건강보험을 적용하고 있으나, 그마저도 실제로는 보험사에서 지급을 거절하는 경우가 많아 암울한 상황이다.

    먼저 비만은 그 자체로 외형적인 문제를 초래하지만, 관절 문제 등 다양한 병태생리적 문제를 함께 동반하는 경향이 있는데 내과적으로는 대개 고혈당, 고혈압, 고지혈증 등을 함께 동반한다. 그러므로 비만을 해소하면 함께 동반됐던 문제들까지도 동시에 개선이 될 수 있다. 비만치료의 기본은 식단 조절과 운동이다. 그러나 식단조절과 운동 등의 식이요법만으로 좀처럼 해결이 힘든 사람들에게도 정말 좋은 희소식이 있다.

앞으로는 비만 문제가 일주일에 한 번 셀프 주사 한 번으로 크게 개선될 수 있게 됐기 때문이다. 바로 GLP-1 수용체를 자극하는 주사제가 등장했기 때문이다. 현재 널리 사용되거나 알려진 제제는 크게 4가지인데, 기본적으로 체중 감소 및 당뇨병 관리를 돕는데 사용된다는 점은 비슷하다. 다만 사용주기와 목표 비중에서 조금 차이가 있는데,

'삭센다'는 일일 주사제로 리라글루타이드를 사용하고 체중 감소에 효과적이다.

'위고비'는 주 1회 주사제로 세마글루타이드를 사용하는데 삭센다보다 사용주기가 길고 높은 체중 감소 효과가 있다. 다만 가격이 비싸다.

'트루리시티'는 주 1회 주사제로 둘라글루타이드를 사용하는데 체중 감소 효과도 있지만 2형 당뇨치료에 중점을 두고 있다.

'마운자로'는 주 1회 주사제로 티르제파타이드를 사용하는데, GLP-1, GLP 수용체에 동시에 작용하는 특징이 있으며 체중 감소 및 2형 당뇨치료 2가지 모두 효과적이다. 위 주사제들은 최근 뛰어난 효과와 편리성으로 인해 매우 큰 기대를 받고 있는데, 중요한 것은 위 직접적인 GLP-1수용체 작용제들은 **지방 대사를 촉진하고 식욕을 억제**시키는 렙틴 호르몬을 유지하는 작용을 하지만 **아직까지 장기적인 안전성이나 부작용에 대해서 더 많은 논의가 필요한 것으로 보인다.**[162] 어쨌든 이러한 약물들은 전문의약품으로 남용 시 부작용 가능성이 높기 때문에 식단 조절과 운동을 최우선적으로 실시한 다음 반드시 전문의의 적절한 진단과 감독에 따라 사용되어야 한다.

여드름 치료

여드름은 사춘기 시절 호르몬이 급격하게 증가하면서 피지선을 따라 피지 분비가 증가하면서 주로 발생한다. 그러나 성인이 되어도 여드름이 사라지지 않는 경우가 많다. 그 이유는 여전히 피지분비가 활발하거나 모공이 막히면서 트러블이 생기는 경우이다. **여드름도 일종의 염증 반응이므로,** 앞서 '먹어서 지키는 건강' 편 의 오메가3와 오메가6의 균형을 맞추는 것은 근본적으로 도움이 된다.[163] 그러나 이 챕터는 '외형전 건강' 편으로서 직접적인 여드름 치료에 중점을 둔다.

먼저 여드름 치료에 직접적으로 도움이 되는 레이저 및 고주파 시술은 두가지이다. **첫 번째**는 '아그네스' 고주파 시술이다. 아그네스 시술은 여드름이 자주 올라오는 코와 같은 부위에 직접적으로 미세한 침인 니들을 삽입하고 순간적인 고주파 에너지를 방출하여 직접 피지선을 파괴하는 시술이다. 직접적으로 목표 부위의 피지선을 타겟하므로 피지 분비를 감소시켜 여드름을 재발할 가능성을 낮춘다. 국소부위에 시술하기 용이하며, 다만 단점은 특성상 얼굴 전체 부위를 시술하기 어렵고 가능하다 하더라도 가격적 부담이 커지게 된다. **두 번째**는 여드름 레이저라고 불리는, 주로 1,450nm 파장대의 레이저를 이용한 여드름 치료 시술이다. 이 시술 또한 피지선을 파괴하여 전체적인 피지 분비량을 줄일 수 있다. 아그네스와는 달리 얼굴 전체의 광범위한 시술이 용이하지만, 국소부위에 직접 침투하여 작용하는 아그네스보다 피지선의 파괴의 효과 자체는 약할 수 있다. 또한 업그레이드 버전으로 '카프리 레이저'가 있는데, 이는 기존 1,450nm 파장대에 400nm 파장이 복합적으로 출력될 수 있도록 하여 여드름 균을 같이 사멸하는 효과가 있다. 그리고 위 시술과 더불어 대표적인 피지 감소 약물로서 여드름 치료제인 이소티논 또는 로아큐탄이라는 복용약이 있는데, 이러한 약물들은 간독성 및 건조증의 부작용이 있는 전문의약품이므로 이는 반드시 의사의 처방이 필요하다.

여드름 흉터

이미 생긴 여드름 흉터를 제거하기 위해서는 일반적인 시술로는 근본적인 해결이 불가능하다. 외형적 시술 편에서는 주로 유효한 피부과 레이저 시술들을 많이 소개하였는데, **여드름 흉터 제거 분야에서만큼은 물리적인 외과 시술이 필요하다.** 먼저 외과적 시술명은 서브시전(subcision; 진피절제술)이다. 일반적인 흉터는 확대해보면 특수한 경우 수술로 인해 볼록하게 튀어나오는 경우가 있지만, 그중 여드름 흉터는 대부분이 V자형, 둥근형, 박스형 등으로 파인 형태를 띠고 있는데, 이 파인 부분을 진피 쪽까지 자세히 확대해보면 과하게 자란 인대조직이 피부를 다른 부분보다 안쪽으로 강하게 당기고 있는 형태를 띠고 있다. 따라서 이 부분을 미세한 침으로 끊어내면 피부를 잡아 당기고 있던 흉터가 차오르는 아주 근본적이고 물리적인 원리의 시술인 것이다.

그런데 이러한 근본적인 방법으로 접근하지 않고 박피성 프락셀 레이저를 무작정 남용하다보면 오히려 피부가 더 얇아지고 예민해질 수 있다. 따라서 굳이 얼굴 피부의 광범위한 대부분이 곰보처럼 여드름 흉터로 덮여 있는 경우가 아니라면, 프락셀 레이저는 권장하지 않는다. 우리나라는 서양의학 이외에도 침술이라는 것이 존재하고, 한의학의 특성상 고도로 발달한 침술을 보유하고 있다. 그리고 이 기술을 응용하여 '새살 침'이라는 시술이 존재한다. 새살침의 통증은 심한 편이지만 원리는 흉터 조직의 인대를 끊어내는 서브시전과 유사하기에 여드름 흉터의 근본을 해결할 수 있는 치료법이 될 수 있다. 다만 유의할 점은 인대조직은 다시 재생하므로 한 번만의 시술로 여드름 흉터의 파인 자국을 완벽하게 복구하기는 어렵고, 흉터의 갯수와 면적에 따른 가격의 차이, 그리고 시술자의 실력에 따라서 효과가 크게 좌우될 수 있기에, 이 부분에 있어서는 담당의사와의 면밀한 상담이 필요하다.

그리고 최근에는 일부 수도권 피부과 병원을 중심으로 '미라젯' 또는 '큐어젯'이라는 장비가 도입되고 있는데, 둘의 작동 방식에는 약간의 차이가 있어도 순간적인 제트압을 형성하여 진피층으로 약물을 정교하게 투입시킬 수 있다는 특징이 있다. 이러한 점은 강력한 압력으로 특히 흉터 조직이나 피부 속 과하게 유착된 인대 조직을 박리시킬 수 있고, 이 때문에 피부 흉터 제거에 아주 좋은 결과를 내고 있다고 한다. 그러나 아직까지는 위 장비들은 도입 초기로, 시술 비용이 고가이고, 또한 아직까지 장비 사용에 많은 경험을 가진 숙련된 의사는 부족한 것으로 보인다. 하지만 기존 방식의 시술로는 효과를 보기가 힘들었던 아주 작은 흉터 조직이나 튼살, 모공에까지도 매우 정교한 수준의 시술이 가능하다는 점이 있어서 앞으로 대중화가 된다면 여드름 흉터 제거에 있어서 새로운 패러다임이 될 수 있을 것 같다.

점 제거

피부과에서의 피부 관리의 가장 기본은 점 제거이다. 점 제거는 크기, 깊이에 따라 다르지만 통상 개당 1만 원 정도로 가격이 형성 되어 있다. 나는 얼굴의 모든 점을 제거하지는 않았는데, 본인 얼굴의 특징을 나타내 주거나 관상적으로 좋은 점이라고 일컬어지는 부위의 점은 그냥 두었다. 이 부분은 개인 취향에 따라 결정하기 바란다. 어쨌든 점 제거는 피부과 의 가장 기본 시술이지만, 레이저의 강도가 센 편이기 때문에 관리를 잘 하지 못하면 살이 파이거나 흉이 질 수가 있다. 따라서 **점 제거 시술을 한 후에는 최소 5일~2주일 정도는 전용 밴드를 해당 부위에 붙여두는 것이 중요하다.**

피부과에서 주로 사용하는 점 제거 레이저는 CO_2레이저와 어븀야그 (Er:YAG)레이저인데, 각 장비의 장단점과 특징이 있기 때문에 이는 점의 크기와 형태에 따라 시술자의 적절한 판단 아래 사용된다. 그리고 점을 빼고 회복이 되어도 한 달 정도는 붉은색 점 형태로 출혈의 흔적이 남는 데 시간이 지나면 대부분 호전이 된다. 그런데 새로 다시 점이 올라오거 나 호전되지 않는다면 상담 및 조치가 필요한 경우가 있다.

기미, 잡티, 주근깨

피부과에서 점을 빼는 것만큼이나 중요한 시술이 기미, 잡티, 주근깨 제거 시술이다. 보통 토닝레이저로 진피층의 색소를, IPL레이저를 이용하여 표피층의 색소를 제거한다. 최근에는 표피, 진피를 한번에 제거할 수 있는 레블라이트SI 레이저나 피부손상과 통증을 줄인 피코토닝 레이저 장비도 있지만 시술 가격은 비싼 편이다. 또한 '도란사민'이라는 보조제를 경구용 약으로, 처방하는 경우가 있는데 본래 지혈제로 개발되었으나 기미치료에 효과가 있어서 보조제로 흔하게 처방되는 편이다.[164] 도란사민은 레이저 치료없이 단독으로 복용해도 기미색소가 호전되기도 하는데, 단독투여시에는 기미의 재발 가능성이 크고 레이저 치료와 병용 시에 훨씬 효과적이므로 특별히 상호작용하는 약물을 복용 중이거나 그 외 별 다른 부작용이 없다면 피부과 의사와 상담 후 레이저 색소 치료에 같이 병용하는 것을 추천한다. 그리고 완벽한 효과를 보기 위해 한 가지만 더 추가하자면, 개인이 집에서 사용할 수 있는 기미제거 연고인 멜라토닝 크림도 추천한다. 이 크림은 국소부위에 도포하는데, 기미 예방뿐 아니라 이미 생성된 기미도 점차 표백시켜 제거할 수 있다. 주 성분은 히드로

퀴논 2%이다. 단점으로는 단독으로 사용 시 최소 몇 달에 걸쳐 꾸준히 발라야 효과가 겨우 눈에 보일 정도로 시간이 많이 걸린다는 점이다. 그러나 위 방법들을 같이 병행한다면 훨씬 시너지가 있을 것이다. 또한 멜라토닝 크림은 처방전 없이 약국에서 구매가 가능하다.

모공

　모공 문제는 특히 코 부위에서 많이 발생하는데, 한번 커진 모공은 다시 작게 수축시키기가 힘드므로 모공에 있는 블랙헤드나 노폐물 등은 압출하더라도 최대한 손상 없이 잘 짜내주는 것이 중요하다. 최근에는 피지클리너 제품들이 따로 잘 출시되고 있어 최대한 자극없이 모공 세척하기가 용이하다. 하지만 이미 커진 모공을 수축하려면 현대 기술이 필요하다고 보는데, 비너스비바, 포텐자레이저와 같은 니들RF장비는 미세침을 피부에 삽입하여 고주파에너지를 이용하여 모공을 수축시키고 여드름흉터를 개선시킬 수 있다. 특히 포텐자레이저는 시술 중에 펌핑팁을 이용하면 스킨부스터 성분을 진피층에 주입시킬 수도 있다. 리쥬란 힐러와 같이 미세주름이나 피부결 개선을 위해 사용하는 스킨부스터류는 시술자가 직접 작은 바늘을 가진 주사기를 이용하여 진피층에 주입하는데, 일시적으로 피부가 올록볼록해지는 엠보현상이 나타난다. 그런데 위와 같이 포텐자레이저 펌핑팁을 이용하면 시간도 단축되면서 엠보현상도 줄고 모공, 여드름흉터, 미세주름, 피부결을 동시에 개선해주기 때문에 시너지효과가 있다.

치아미백 및 구강관리

치아가 희고 가지런하여 튼튼한 것은 매우 보기 좋다. 한 번이라도 치아가 상해서 통증이 있어본 사람들은 알겠지만 식사 때마다 몹시 고통스럽다. 따라서 치아를 잘 관리하는 것은 먹는 문제와도 연관이 있으므로 심미적인 것일 뿐만 아니라 건강과도 직결될 수 있는 것이다. 치아문제에 있어서는 관리 외적으로 선천적으로 나타나는 문제점들이 존재한다. 바로 부정교합으로 인해 치아가 고르지 못하거나 사랑니가 제대로 나지 않아 발치해야 되는 것들이다.

먼저 **부정교합 치아교정은 가급적 어린 나이에 할수록 유리하다.** 제때 얼굴뼈 성장 속도에 맞춰 근본적인 균형을 맞춰 놓으면 성인이 되어서는 더 이상 교정기 착용을 하지 않아도 될 수 있다. 사랑니는 사람에 따라 꼭 발치하지 않아도 되는 경우가 있지만, 통증이 발생하거나 염증이 있으면 반드시 치과에 가서 적절한 상담 후 발치하는 것이 추천된다. 문제성 사랑니를 방치할 경우 어금니쪽 뿌리 신경을 건드리게 되거나 잇몸에 지속적인 염증을 유발할 수 있기 때문이다. 그리고 치아가 상한다면 그 심각성에 따라 통상,

1. 치아 때우기(레진)
2. 인레이
3. 신경치료+크라운
4. 임플란트

의 순서로 선택하여 치료하게 된다. **비록 약간이라도 치아가 상한 것을 방치하다보면, 제때 방문 했을 경우 때우는 선에서 끝날 수 있는 문제를 결국 신경치료까지 하게 되는 경우를 볼 수 있다.** 당연히 아래의 단계로 갈수록 후유증도 커지고 비용도 커지고 치료 때문에 치과에 가야 하는 횟수도 늘어나게 될 것이다. 따라서 치아에 통증이 있을 경우 최대한 빨리 치과에 가서 검진을 받는 것이 중요하다고 볼 수 있다. 그리고 **치아관리는 6개월에서 1년에 한 번씩은 꼭 '스케일링'과 '잇몸치료'를 받는 것이 중요하다.** 스케일링이란 양치로도 제거가 안 되는 치아 사이의 치석들을 제거하는 치료인데, 치석을 계속해서 방치하면 충치뿐만 아니라 치주염도 유발할 수 있다. 보통 스케일링을 받으면 치아가 시리거나 잇몸 사이가 더 벌어졌다고 느낄 수가 있는데, 그러나 그것은 치석이 있던 자리가 사라지면서 그렇게 느껴지는 것이지 잇몸 사이가 벌어진 것이 아니다. 그리고 잇몸치료는 스케일링과 같이 치석을 제거하는 것이지만, 드러난 치아의 사이의 치석을 제거하는 스케일링과는 달리 보이지않는 잇몸 안쪽의 치아 몸통 부분의 치석을 제거하는 것이다. 따라서 치주염을 예방하기위해 잇몸치료도 같이 해주는 것이 중요하다. 스케일링의 경우 1년에 한번 건강보험이 적용되고, 잇몸치료는 기간과 관련없이 건강보험이 적용되므로 비용적 부담이 크지 않다. 또한 잇몸치료는 기간을 나누어 통상 4회에 나눠서 하게 되므로, 스케일링과 같이 실시하는 경우가 많다. **참고로 치아는 특히 과잉진료 발생의 문제가 잦기 때문에, 꼭 여러 군데에서 진단을 받아보는 것을 추천하고, 무작정 대형 치과병원을 따르기보다는 오히려 오래되고 경험이 많은 동네 치과가 훨씬 신뢰도가 높을 수 있다는 점을 반드시 명심해둔다.**

• 치아미백

치아가 누렇게 변색되어 있으면 아무래도 청결해보이지 않고 보기에도 좋지 않다. 치아가 누렇게 보이는 이유는 선천적으로 치아표면인 법랑질이 얇아 노란색은 띄는 상아질이 비춰져서 그렇게 되는 경우도 있으나, 이는 사실 드물고 대게는 치아의 아주 미세한 홈으로 색소가 있는 음식물, 커피 등이 계속 침투 및 누적되어 착색되는 경우가 대부분이다. 또한 연초 흡연을 할 경우 타르에 의해서 착색되기도 하는데, 치아를 변색시키는 데는 아주 제격이다. 치아미백술은 치과에서 전문적으로 치료하는 방법도 있으나 가격이 많이 비싼 편이므로, 최근에는 셀프 치아미백제품들이 출시 되고 있다. 핵심 성분은 하이드로젠페록사이드(과산화수소)이며, 치과에서 사용하는 성분과 거의 똑같기 때문에 사용법에 맞게 약 2주정도만 사용해보아도 효과를 어느정도 체감할 수 있다.

• 라미네이트

라미네이트는 미용을 목적으로 치아 앞 부분을 갈아서 치아가공물을 붙이는 시술이다. 라미네이트는 단기간에 치열과 누렁니를 교정할 수 있다는 장점이 있으나, 그것이 정말 컴플렉스가 아니라면 개인적으로 비추천하는 시술이다. 그도 그럴것이 이 시술은 한번 시술하면 다시 되돌릴 수 없으며, 앞으로 더 자주 관리 해야하고 내구성이 좋지 않다. 그래서 라미네이트를 하고 후회하는 사람도 많다고 한다. 하지만 최근에는 블랙필름, 혹은 제로네이트라고 하는 무삭제 라미네이트 시술도 존재하는데, 이처럼 치아를 갈아내지 않거나 최소한만 갈아내어 부작용을 크게 줄인 시술이 개발되고 있다. 다만 비용이 높은 편이다.

· 칫솔

사실 칫솔은 너무나 기본적인 생필품으로 자리 잡고 있어서 그 중요성을 간과하기 쉽지만, 올바른 양치질을 하기 위해서는 일단 본인에게 맞는 칫솔을 구매하는 일부터가 중요하다. 일반적으로 칫솔모는 뻣뻣할수록 세척 효과가 좋다고 알려져 있는데, 너무 뻣뻣하면 잇몸과 치아가 마모가 될 우려가 있으므로 잇몸이 약한 사람들은 본인에게 맞게 부드러운 모를 쓰는것이 좋다. 그리고 고급제품일수록 다양한 패턴과 강도로 모를 배치하여 내구성뿐만 아니라 세척력을 극대화시킨 경우가 많다. 따라서 너무 싼 제품은 가급적 피하는 것이 좋다고 본다. 또한 최근에는 다양한 형태의 전동칫솔도 출시되고 있어 기존의 재래식 칫솔보다 양치시간을 줄여주고 훨씬 강력한 세척력을 가진 제품들이 출시되고 있다. 칫솔질은 똑같은 시간을 두고 해도 사람들마다 치열상태가 다르고 습관이 있어서 순서와 힘, 방향에 차이가 있다. 그렇지만 너무 오래 양치하는 것은 오히려 치아를 마모시키고 잇몸을 상하게 하므로 가급적 3분을 넘지 않는 것이 좋다. 그리고 **혀는 양치할 때 반드시 닦아주도록 하자.**

· 설태(백태) 제거

설태는 주로 박테리아나 단백질 찌꺼기, 죽은 세포 등이 혀 위에 쌓여 생기는 것으로, 양치할 때 혀를 잘 닦아주기만해도 설태가 생기는 것을 어느정도 예방할 수 있다. **설태는 단순히 외관상의 청결함 문제뿐만 아니라 입 냄새의 상당 부분 원인을 차지할 정도로 문제를 일으키는 것이므로, 구강청결을 위해 반드시 신경 써야 주어야 한다.** 그래서 요즘은 설태 제거 전용 혀크리너 제품이 나오기도 하는데, 적절하게 사용한다면 설태 제거에 도움이 되며, 다만 너무 무리하게 문지른다면 혀 점막에 상처가 생길 수 있으므로 이 점은 주의한다.

· 치간칫솔

치간칫솔을 칫솔의 보조 혹은 선택적으로 사용하는 사람들이 많지만 치과의사들은 치간칫솔을 필수적으로 사용해야 하는 것이라고 말한다. 그도 그럴것이 기본칫솔로는 치아 사이의 틈에 낀 치석과 플라그를 제거하지 못해 꼼꼼한 양치가 불가능하기 때문이다. 따라서 매 양치마다 치간칫솔을 사용하지는 못해도 가급적 하루에 한 번은 치간칫솔로 치아 구석구석까지 양치해주자. 다만 너무 무리해서 사용하거나 지름이 큰 치간칫솔을 사용하면 잇몸이 벌어지거나 출혈이 있을 수 있으므로 주의해서 사용해야 한다.

• 가글 제품

전날에 생마늘 등을 많이 먹거나 아침에 양치로도 잡기 힘든 입냄새 제거를 위해 가글을 사용해준다. 가글에 들어가는 성분은 주로 플루오린화나트륨(불소), 세틸피리디늄염화물수화물(CDC), 에센셜오일, 클로로헥시딘 글루코네이트(헥사메딘) 등인데, 국내제품은 불소나 CDC 계열을 사용하는 제품들이 많다.

플루오린화나트륨(불소)를 사용하는 가글제품은 가그린 가글파인 등의 제품이 자주 사용하는데, 불소는 충치균 억제 및 예방에 도움이 되며, 살균력은 다소 떨어지나 착색 우려도 없고 가글 자체의 본연 기능에 충실한 성분이다. 따라서 CDC나 에센셜오일과 조합시킨 제품이 자주 출시된다.

세틸피리디늄염화물수화물(CDC) 성분의 특징은 효과적인 충치균의 살균이다. 다만 양치 후 바로 사용시 착색의 우려가 있어 20~30분 정도 텀을 두고 사용하는 것이 좋다고 한다

에센셜오일은 리스테린과 같은 제품군에서 사용하는데 구취제거 특히 효과적이고 별 다른 부작용은 없으나 가격대가 비싼 편이다.

클로로헥시딘 글루코네이트(헥사메딘)은 치과에서 사용하는 경우가 많은데 가장 살균력이 뛰어나지만 단기간 사용에도 치아가 누렇게 착색된다는 큰 단점이 있다. 따라서 일반적인 상황에는 가급적 피하는 것을 권장한다.

그리고 마지막으로 아쉬운 점은 과거 미국 내수용 오리지날 테라브레

스에는 'OXYD-8'이라는 일종의 안정된 형태의 이산화염소 계열의 물질이 첨가되어 있었는데, 이것이 구취제거에 효과가 매우 탁월했던 것으로 기억한다. 거의 12시간 이상 효과가 있었는데 국내에는 통관이 안 되는 물질이고 최근 생산 제품은 미국 내에서도 OXYD-8 성분이 빠져있는 것을 확인해볼 수 있다. 안전상의 이유가 있었겠지만 개인적으로 다소 아쉬운 부분이라고 생각한다. 그래서 나의 경우 현실적으로 여러가지 부작용과 편의 등을 고려했을 때, 불소 또는 에센셜오일이 주성분이 되는 가글파인이나 리스테린 제품을 주로 사용한다.

• 편도결석

또 다른 구취의 원인으로 편도결석이 있다. 편도결석은 말 그대로 목의 편도선에서 음식물찌꺼기와 세균이 만들어낸 결석인데 하얗거나 노란색의 작은 알갱이이다. 편도결석은 일상생활 중에 자연적으로 빠지는 경우도 있지만 너무 깊게 박혀있거나 심한 경우에는 이비인후과에 방문해서 제거하는 것이 현명하다.

시력교정술

패션과 같은 의도된 꾸밈의 이유를 제외하고 시력이 낮아서 안경을 끼거나 렌즈를 끼는 것은 몹시 불편하고 번거로운 일이다. 그래서 이를 피하고자 라식이나 라섹, 렌즈삽입술 등의 시력교정술을 택하게 된다. 각 수술들은 저마다의 장단점이 있는데, 세부적인 차이를 제외하고 앞서 언급한 바와 같이 크게 라식, 라섹, 렌즈삽입술의 3가지의 수술법이 존재한다. 세부적인 수술법이나 차이는 전문의의 영역이므로 큰 특징과 주로 어떤 사람에게 유리한지를 이 장에서는 언급한다

· 라식(LASIK)

먼저 라식(LASIK) 수술은 레이저보조각막절삭가공성형술(Laser-assisted in situ keratomileusis)의 줄임말이며 이름처럼 각막의 뚜껑(이를 각막 절편이라고 한다)을 연 다음 각막의 실질 부분을 레이저로 깎아 다시 뚜껑을 덮는 시술이다. 이 시술의 장점은 통증이 적고 3~4일이면 회복 가능한 점에 있다. 단점은 각막 절편 생성으로 인해 눈 비비기 등의 행동

이 제한되고 이로인해 복싱 등의 격렬한 운동은 어렵다. 최근에는 스마일(SMILE)이라는 최소절개각막추출형 라식 수술법이 등장하였는데, 이는 기존 라식과는 달리 각막 절편을 만들지 않고 각막 상층을 투과하는 레이저로 각막 실질 만을 절제한 뒤, 각막 상층에 1~2mm의 아주 좁은 틈을 만들어 절제된 각막 실질을 직접 제거하는 수술이다. 장점으로는 기존 라식 수술의 단점인 각막 절편이 생성되지 않기 때문에 눈에 직접적인 자극에 강하고 더 빠른 회복이 가능하지만 단점으로는 재수술이 힘들고 절제된 각막의 실질을 제거하는 과정에서 발생할 수 있는 부작용이 의사의 컨디션이나 숙련도에 따라 좌우될 수 있다는 점이 있다.

• 라섹(LASEK)

라섹(LASEK) 수술은 레이저각막상피절삭가공성형술(Laser epithelial keratomileusis; Laser assisted subepithelial keratomileusis)의 줄임말이며 라식과는 달리 각막의 뚜껑을 만드는 방식이 아니며 직접 각막 실질의 표면을 깎아 시력을 교정하는 시술이다. 장점으로는 가장 안정적인 수술이며 격렬한 운동에도 영향이 없으나 단점으로는 통증과 시력회복까지가 최소 일주일에서 한 달 정도 걸리는 점이 있다. 최근에는 올레이저 라섹이나 투데이 라섹 등 다양한 수술법이 거론되지만 근본적인 수술 원리는 똑같다고 보면 된다. 다만 시력 교정을 위해 각막을 깎는 정도가 적어져 회복시간이 빠르고, 재수술의 가능성이 넓어질 수 있다는 점이 있다.

• 렌즈삽입술

렌즈삽입술은 말 그대로 렌즈를 눈에 삽입하는 시술이며 홍채의 앞, 뒤를 기준으로 전방렌즈 삽입술, 후방렌즈 삽입술로 수술방법에 차이가 나뉜다. 렌즈삽입술의 장점은 고도수 및 고도난시도 교정이 가능할 만큼 교정력이 크고 회복시간이 거의 필요없다는 점이지만 단점으로는 안압 상승의 가능성과 녹내장, 백내장유발 가능성, 렌즈 제거 시 절개량이 삽입 시보다 크다는 점이다.

• 드림렌즈

기존 수술과는 달리 비수술적인 방법의 시력교정술은 드림렌즈이다. 드림 렌즈는 일종의 특수 콘택트렌즈로 자는 동안에 각막의 형태를 변형시켜 일시적으로 시력을 교정하는 방법이다. 장점으로는 수술이 아니라서 이와 관련된 부작용은 따로 없으며 단점으로는 일시적인 효과 유지와 취침 전 렌즈 착용, 기상 후 렌즈 제거 등 여전히 번거롭다는 점이다.

탈모 관리

탈모는 남녀를 불문하고 질병의 후유증이나 스트레스, 그리고 노화로 인해 발생하기도 한다. 하지만 **남성의 경우 원형이나 M자 탈모등 남성형 탈모의 대부분은 남성호르몬 때문에 진행된다.** 남성호르몬인 테스토스테론은 5알파 환원효소(5α-reductase)에 의해 DHT(Dihydrotestosterone)라는 훨씬 강력한 활성화를 지닌 남성호르몬으로 전환이 되는데 이것이 모낭을 공격하여 남성형 탈모를 유발한다. 그런데 이것이 체내에 존재한다고 하여도, 사람에 따라 유전적으로 안드로겐 수용체가 모낭에 존재하지 않으면 탈모는 일어나지 않는다.[165] 하지만 체내 DHT 양이 적은 사람일지라도 모낭에 안드로겐 수용체가 많이 있다면, 적은 양의 DHT로도 남성형 탈모는 진행된다. 어쨌든 수용체 문제는 유전적인 차원에서의 불가항력인 문제이며, 모낭에 안드로겐 수용체가 많은, 즉 **탈모 유전자를 가지고 있다고 하여도 5알파 환원효소를 차단하여 DHT를 현저히 줄인다면 애초에 탈모 유전자가 있어도 남성형 탈모는 더 이상 진행되지 않는다.** 그래서 아직 모낭이 살아있는 상태에서 탈모약을 복용하면 휴지기를 거쳐 다시 머리카락이 나는 것처럼 느낄 수 있는 것이다. 하지만 탈모가 너무 오래 진행되어서 모낭 자체가 파괴되었다면 모발이식 외에는 방법이 없다. 그래서 탈모약은 사용하는 타이밍이 중요하다.

통상 DHT로 인한 남성형 탈모는 정수리의 모발 얇아짐, 그리고 뒷머리대비 앞머리의 얇아짐으로 남성형 탈모 해당 여부 및 진행정도를 추측해 볼 수 있다. 그리고 이 부분은 탈모 전문 병원에서 확실한 진단을 받을 수 있다. 어쨌거나 본인이 남성형 탈모에 해당된다면 치료약은 2가지가 있다. 하나는 **프로페시아 계열(피나스테리드)** 약물이고, 다른 하나는 **아보다트 계열(두타스테리드)** 약물이다. 먼저 프로페시아는 반감기가 매우 짧고, 약물 부작용 발생 시 투약을 중지하면 바로 복구가 가능하다는 장점이 있지만, 약물 자체의 DHT 차단률과 지속시간이 짧다는 단점이 있다.[166] 반대로 아보다트는 프로페시아보다 훨씬 강한 약물이며, 반감기가 매우 길어 지속력도 좋지만 그만큼 부작용의 가능성도 높아진다는 단점이 있다.[167] 따라서 서로 장단점이 존재하지만 이 둘은 어차피 전문의약품이므로, 전문 탈모 병원에서 탈모 진행정도 및 부작용에 따라 전문의와 상담해보는 것이 중요하다.

이처럼 탈모약은 가장 근본적이고 검증된 남성형 탈모 치료의 방법이지만, 특정 부위에 대한 발모는 불가능한데, 이것을 가능케하는 발모제는 **미녹시딜(Minoxidil)**이 있다. 미녹시딜은 맨 처음에는 궤양이나 고혈압 치료제로 개발이 되었는데, 정작 그 효과보다는 부작용으로 다모증 현상이 생겨서 이러한 부작용을 이용하여 발모제로 개발된 상품이다. 미녹시딜의 원리는 바르는 부위의 혈액순환을 좋게 하고, 특히나 모낭의 영양공급을 원활히 하여 해당 부위의 모발이 잘 자라게 한다.[168] 하지만 직접 발라보면 새로운 모발이 생긴다기 보다는 얇아져가는 모발이나 솜털 같았던 잔잔한 털들이 두꺼워지면서 모발처럼 변하는 느낌을 받을 것이다. 미녹시딜의 효과를 극대화하려면 밤낮으로 2번은 바르라고 하지만, 귀찮기 때문에 자기 전에만 발라도 괜찮은 효과를 볼 수 있다. 미녹시딜은 위 탈모약들과는 달리 호르몬제제가 아니어서 남녀간의 사용상에 큰 차이점은 없으며, 특성도, 작용기전도 전혀 달라 탈모약과 조합해서 사용하면 큰 시너지 효과가 있다. 하지만 미녹시딜도 피부 트러블의 부작용이 있기 때문에 사용 시 주의점은 존재한다. 최근에는 미녹시딜의 편리한 사용을 위해 거품 형태로 된 로게인폼이라는 것도 존재하고, 바르기 편리하도록 특수한 형태의 용기도 판매되고 있다.

모발이식

　탈모 진행으로 인해 이미 모낭이 다 죽어 버린 경우나 원래 머리카락이 없던 부위에 모발이 자라나게 하기 위해서는 모발이식 외에는 방법이 없다.[169] 모발이식은 사실 정확히는 모낭을 이식하는 것인데, 먼저 본인의 후두부 등과 같이 유전적으로 탈모의 영향을 거의 받지 않는 부위에서 모낭을 채취한 후, 원하는 부위에 이식하여 그 부위에 계속 모발이 자라나게 하는 것이다.

　모발이식의 방법은 크게 절개 방식과 비절개 방식으로 나뉜다. 먼저 절개 방식은 후두부에서 네모 형태나 선 형태와 같이 일정한 면적으로 두피 자체를 메스로 분리한다음 모낭을 분리하여 이식하는 방식이다. 이 방식은 비절개 방식 대비 더 짧은 시간에 모발이식이 가능하며, 좀 더 저렴한 가격에 높은 생착률을 자랑한다. 다만 머리카락을 자라게 하여 숨길 수는 있지만 두피를 절개한 부위에 영구적으로 큰 흉터가 남는다는 점이 절개 방식의 가장 큰 단점이다. 비절개 방식은 절개 방식과는 달리 특정의 면적 부위에서 모낭을 채취하는 것이 아니라 일일이 모낭 단위로 식모기와 같은 도구를 이용하여 모낭을 선별하여 채취한 후 이식하는 방식이다. 비절개 방식은 절개 방식과 대비하여 시술에 시간과 노력이 더 많이 들며, 따라서 절개 방식 대비 가격대가 더 비싸다는 단점이 있다. 대신 절개 방식과는 달리 큰 흉터가 남지 않으며 모발 이식 흔적이 거의 남지 않는다는 장점이 있다. 과거에는 절개 방식보다 모낭의 생착률이 떨어졌었는데, 직접 전문의에게 물어보니 최근에는 최신 식모기의 개발 및 기술의 발달로 절개 방식과 생착률에서 큰 차이가 없다는 의견이다.

유의할 점은, **모발이식은 진행하자마자 즉시 모발이 자라나는 것은 아니고 휴지기를 거쳐 6개월 정도는 지나야 어느 정도 자연스러워 진다는 것이다.** 모발이식의 비용은 모당 가격을 기준으로 산정하는데, 병원마다 차이는 있으나 통상 3,000모를 기준으로 절개방식은 약 450만 원, 비절개 방식은 600만 원 선 정도라고 한다. 또한 모발이식 분야는 전문 의사의 수작업과 경험, 기술에 크게 의존할 수밖에 없으므로, 전문의와의 면밀한 상담을 통해 이식 모수, 가격, 디자인이나 관리 방법 등에 대한 것을 구체적으로 직접 문의 및 충분한 설명을 듣는 것이 중요하다. 마지막으로 모발이식을 하였다면 시술일 포함 최소 이틀 정도는 시간을 비워두는 것이 좋고, 생착률 관리는 처음 3일, 그리고 이후 2주까지가 제일 중요한 시기라고 한다.

보톡스

    피부과 미용시술에서 빠질 수 없는 시술이 바로 보톡스(Botox)이다. 보톡스는 사실 성분을 뜻하는 것이 아니라 미국 엘러간(Allegan)사의 상품명을 말하는 것이었는데, 워낙에 보톡스라는 단어 자체가 유명해지다 보니 지금까지도 계속 그렇게 부르게 된 것이다. 보톡스는 주로 턱근육이나 미간과 같은 주름 근육 등에 주사하는데, 그렇게 되면 해당 부위의 근육에 힘이 더 이상 들어가지 않게 되어(보통 3~5개월 정도 지속됨) 비대해진 근육이 작아져 보이거나 미간과 같은 반복된 표정으로 생긴 주름살이 더 깊어지는 것을 방지할 수 있다.[170] 보톡스는 보툴리누스균이라는 혐기성 세균이 만들어낸 신경독소를 원료로 만든 것인데, 이것의 반수치사량(LD50)은 무려 1ng/kg으로 청산가리, 복어독과는 비교도 안 되고 심지어 폴로늄(방사성 물질)보다도 훨씬 훨씬 강하고 치명적인 독극물이다. 그럼에도 불구하고 이러한 세계 최강의 독을 미용 의학적인 용도로 사용하고 있으니 참으로 아이러니한 점이 아니라고 할 수 없다. 어쨌든 보톡스 주사로 인한 외형 변화는 생각보다 놀라운데 당장 구글에 턱보톡스 전후 사진만 봐도 눈에 띄는 차이를 볼 수 있을 정도이다. 거기다

보톡스는 이미 대중화되어있어 시술 가격도 대체로 매우 저렴하고, 또한 의학용으로 사용되는 보톡스는 필러와는 달리 쌓이는 물질도 아니라 주의사항을 지켜 사용한다면 일반적으로 안전하여 사용에 큰 부담도 없다. 그런데 한 가지 알고 있어야 할 점은 시술에 시간이 필요하여 최소 2주는 지나야 효과가 눈에 보이기 시작하고 두 달쯤 지나면 확실하게 효과가 눈에 보인다는 점이다. 나는 개인적으로 부작용 우려 때문에 주변 사람들이 미용상의 이유로 양악 수술을 받는 것을 반대하는데(다만, 심한 주걱턱 문제 등으로 인해 컴플렉스가 너무 심한 경우는 예외), **만약에 사각턱이 고민이라면 즉시 양악수술을 생각 하지 말고 턱보톡스를 우선 먼저 고려해보기를 권장한다.** 최근에는 턱보톡스, 미간보톡스와 같은 근육보톡스뿐만 아니라 피부 주름 예방 목적의 스킨보톡스가 인기가 많다. 스킨보톡스는 특히 의사가 얼굴 피부 진피층에 한땀 한땀 일정 간격으로 일정량을 주사하는 것으로서, 효과는 좋지만 통증이 매우 강한 것이 단점인 시술 중 하나이다. 그런데 최근에는 '더마샤인'이라는 미세침을 이용한 자동 주사기기가 있어 이를 이용하여 스킨보톡스를 시술하면 통증과 시술시간을 획기적으로 줄일 수 있다고 한다. 그러나 어디까지나 이는 피부과 의사와 상담이 먼저 필요한 부분이니 참고만 하길 바란다.

마지막으로 보톡스의 종류에 따라 내성이 생길 수 있다는 괴담이 많은데 결론부터 말하자면 검증된 회사에서 제조한 것이고, 주기를 지킨다면 군이 제오민과 같은 수입산 보톡스를 꼭 고집하지 않아도 그러한 내성이 생길 가능성은 희박하다.[171] 특히 특정 제품이 분자량이 낮아서 내성이 생길 가능성이 더 낮다는 주장은 근거가 부족하고, 반대로 그러한 점을 들면서 수입산 제품이 좋다고 주장하는 것은 소위 말하는 상술과 결합된 소문이라는 것이 중론이다.[172] 따라서 보톡스 시술은 정식 제품이라면 국내산, 수입산을 따지기보다는 양과 주기를 잘 지켜 시술하는 것이 더 중요하다고 볼 수 있다.

필러와 지방이식

· 필러

필러는 말 그대로 빈 공간을 채워주는 물질이다. 보통 1cc단위로 사용하며, 인공 합성물이긴 하지만 피부에 실제로 존재하는 동일 구성물질인 히알루론산(HA)을 일반적인 필러의 재료로 사용한다. 필러로 주입된 히알루론산은 주변의 수분을 흡수하며 꺼진 부위를 채우고 대략 1년 정도 지나면 대부분 체내로 흡수되어 사라진다. 물론 히알루론산 필러만 있는 것은 아니고 유지기간이 긴 필러도 존재하지만, 히알루론산 필러와는 달리 결과가 만족스럽지 못하다면 다시 녹이기 힘들다는 단점이 있다. 또한 같은 히알루론산 필러라도 제품마다 점도나 밀도의 차이 등 특성이 있어서 필러의 시술 부위가 다를 수 있다. 필러는 눈 밑, 코 끝, 턱에 과도하게 사용하면 부자연스러울 수가 있고(사례가 많다), 만약 잘못 투입된다면 혈관 부종이나 신경 이상 등의 부작용 가능성이 있다. 따라서 필러는 절대 남용치 말고 숙련된 전문의와 상담하에 사용한다면 자연스러우면서 만족스러운 결과를 얻게 될 것이다.

• 지방이식

　지방이식은 자신의 몸에 있는 지방을 채취하여 꺼진 부위나 이식이 필요한 부위에 이식하는 시술이다. 주로 복부나 허벅지에서 지방을 채취하여 사용하게 된다. 지방이식은 필러와 달리 사용 시에 미리 지방세포의 채취 과정도 거쳐야 하고 사용 조건도 더 까다롭지만, 일단 생착이 완료되면 마치 원래부터 있었던 '본인의 살'처럼 작동한다. 즉 살이 찌면 이식된 부위도 같이 살이 찌고, 살이 빠지면 이식된 부위도 살이 빠지게 된다. 뿐만 아니라 필러와 달리 색감이나 형태에 이질감도 없으며 퍼지는 특성이 있어서 매우 자연스럽다. 구글에 '지방이식 전후'를 검색해보면 그 효과가 얼마나 강력한지 알 수 있을 것이다. 다만 지방이식은 비용이 비싸고, 필러와 달리 붓기 등 회복에 많은 시간이 걸리며, 본인의 몸 상태에 따라 생착이 실패할 가능성도 있고 다시 제거하기도 힘든 데다가 사용할 수 있는 부위 또한 조금 더 제한적이다. 따라서 지방이식을 하려면 많은 고민을 해본 뒤에 실력과 경험이 풍부한 전문의와의 면밀한 상담을 거쳐 실시하는 것이 중요하다.

리프팅

· 슈링크

전체적인 리프팅 ●●●○○

부분적인 리프팅 ●○○○○

지속성 ●●●●○

정확히는 초음파지만 일반적으로 부르는 레이저리프팅의 대명사이다.
독일산 울쎄라 장비와 같은 원리이지만, 가격이 훨씬 저렴하다. 울쎄라
와의 차이는 정밀도와 초음파 강도와 침투력에 따른 유지력에서 차이가
난다고 한다.

· 에어젯

전체제인 리프팅 ●●●●○

부분적인 리프팅 ●●○○○

지속성 ●●○○○

비침습방식의 약물을 순간적으로 피부 아래에 투여하여 즉각적인 효과가 발생하는 일종의 물리적인 리프팅이다. 그리고 다른 리프팅과 다르게 두피부터 당겨 올려서 이마 윗부분과 그로 인한 눈꺼풀 처짐에 효과적이다. 다만 상대적으로 팔자주름 등 부분적인 개선에서 아쉽고 지속성이 6개월 미만으로 짧은편이다.

• 인모드

전체제인 개선(진피층) ●●○○○
부분적인 개선(지방사멸) ●●●●○
지속성 ●●●●○

고주파 방식의 리프팅이라고 통상 불리기는 하나, 인모드는 엄밀히 따지자면 리프팅 장비라고 보기는 어렵다. 인모드 장비는 mini fx와 forma로 2가지로 구성되는데 하나의 장비만 따로 이용이 가능하다. 먼저 mini fx 기기는 얼굴의 살집을 순간적으로 빨아들인 다음 고전압을 방출하여 지방세포 사멸을 촉진한다. 이로 인해 주로 살집이 많이 생기는 볼살과 이중턱 문제의 개선에 뛰어나다. forma는 고주파 에너지를 주로 진피층으로 전달하여 피부 속 콜라겐 합성 유도 및 잔주름을 제거하는 데 도움을 준다. 인모드는 특히나 mini fx로 유명하며, 실제로 시술을 받으면 반영구적으로 지방세포가 사멸되기 때문에 지속성도 아주 우수하다. 통상

시술 1회당 0.5~1kg 정도 체중이 감소되었을 때의 얼굴 지방 감소효과가 있다고 알려져있다.

- **써마지**

전체적인 개선 ●●●●○
부분적인 리프팅 ●○○○○
지속성 ●●●●○

이 장비는 리프팅이 아닌 타이트닝에 가까운 장비이며 고주파 에너지를 표피와 진피층에 전달하는 방식으로 작동한다. 써마지 장비는 모공크기의 감소와 피부결 개선에 가장 도움이 되는 장비라고 알려져 있으며, 다른 리프팅 장비와 조합해서 시술하면 시너지가 있다고 알려져 있으나 600샷 기준 1회 시술비가 200만 원에 육박할 만큼 비용적 부담이 매우 큰 장비라는 것이 가장 큰 흠이다.

- **실리프팅**

전체적인 리프팅 ●●○○○
부분적인 리프팅 ●●○○○
지속성 ●●○○○

돌기가 달린 특수한 실을 사용해 직접적으로 쳐진 피부를 당겨올리는 시술이다. 비용, 통증, 지속성, 부작용 등 모든 것을 고려했을 때 비추천하는 리프팅 시술이다. 그 이유는,

첫째, 가격이 실 한 줄당으로 계산되어 몇 줄 추가하면 고비용으로 결코 저렴하지 않으며, 둘째 통증도 위 시술들에 비해 크고, 셋째 주로 진피나 지방층에 실이 삽입되므로 근본적으로 개선(리프팅)될 수 없으며,[173] 실이 녹으면 지속 효과는 거의 사라진다 볼 수 있고, 넷째, 이물감 등 부작용이 있으며 다만 녹는 실은 시간이 지남에 따라 해결될 수도 있지만, 안 녹는 실을 쓴다면 해결이 되지 않고 줄의 장력 문제 등 그만큼 부작용이 더 커진다고 볼 수 있다. 따라서 실리프팅의 떠오르는 이미지는 가장 직관적이고 물리적이라고 생각할 수 있지만 위와 같은 단점들이 존재하며 또한 시술자의 실력에 따라 다른 시술에 비해 만족도 차이의 편차도 크다고 볼 수 있다.

제모 레이저

제모 레이저는 특정 부위에 시술이 가능하고, 특히 수염이 많이 자라는 사람들에게 유용한 시술이다. 제모 레이저를 통해 면도의 횟수를 줄일 수 있고 이로 인한 피부의 손상도 줄일 수 있다. 그리고 무엇보다 모(毛)가 자라는 범위와 속도가 느려지면서 면도한 지 얼마 지나지 않아 시퍼렇게 나타나는 수염자국을 줄일 수 있다. 턱 밑과 인중 부근에 시퍼런 수염자국이 있으면 깔끔하지 못하고 제법 나이 든 티가 난다. 간혹 멋을 위해서 오히려 발모제를 발라 수염을 기르는 경우도 있지만, 그런 경우를 제외한다면 제모레이저는 면도를 자주 하는 사람들에게 유용한 시술이라 볼 수 있다.

그리고 여성의 경우도 인중의 옅은 수염 때문에 제모레이저 시술을 받는 경우가 있다. 제모 레이저는 모근과 모낭에만 선택적으로 작용하고 피부와 땀샘 등에는 거의 영향을 주지 않기에 부작용이 거의 없는 시술로 알려져 있다.[174] 최근에는 아포지 플러스와 같은 비접촉식 레이저기기가 출시되고 있어 빠르고 위생적인 시술이 가능하다. 제모레이저는 시술 즉시 즉각적 효과는 없고 최소 5회 정도는 받아야 눈에 띄는 효과를 보인다고 알려져 있으며 경우에 따라 10회 혹은 그 이상의 시술을 받는 경우도 있다고 한다. 제모 레이저의 주기는 3~4주이며, 마취크림을 바르고도 통증은 꽤나 있는 편이다.

심부볼 지방제거

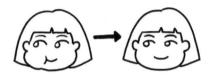

　흔히 젖살이라고 부르는 어금니 부분 안쪽의 불룩한 볼살이 있다. 이 부분의 지방은 일반 피하지방과는 달리 일반적인 리프팅이나 지방흡입술로는 해결하기가 어렵다. 왜냐하면 사실 그 부분은 볼 바깥쪽의 피하지방이 아니라 볼 안쪽의, 그러니까 입 안쪽 살 있는 부분의 지방이기 때문이다. 심부볼지방은 바깥 볼쪽 피부와는 사실상 분리된 구조라서 일반적인 피하지방 지방흡입술로는 근본적인 해결이 안 된다. 게다가 체지방을 웬만큼 감량해도 잘 빠지지 않아 심부볼지방이 많으면 몸에 비해서 얼굴은 상대적으로 빵빵해 보인다. 이것이 적당하면 젊어 보이고 좋아 보일 수 있지만, 과하다면 다소 둔한 듯한 인상을 줄 수 있다. 그래서 심부볼지방제거술을 통한 해결이 가능한데, 사실 심부볼지방은 광대 아래쪽부터 이어지는 거대한 구조물이라 이것을 무작정 제거하게 되면 볼이 패이거나 오히려 나이가 들어 보이고 자연스러운 라인이 무너질 수 있다. 그래서 이것을 생각해보기에 앞서 많은 고민이 필요하고, 체지방을 뺄 만큼 빼도 그러한 고민이 해소되지 않는다면, 이 수술을 생각해볼 수 있다. 수술시 의사의 실력과 필요한 부위에 적당량의 지방 제거 과정이 고려되

어야 할 것이다. 국내에는 이러한 수술에 특화된 심부볼지방제거술을 전
문으로 하는 병원이 있다.

인디언밴드 주름제거

　보통 눈밑 다크서클이라고 부르지만 그보다 아래인 앞광대쪽이 꺼지면서 팔자주름과 평행하게 처지는 주름을 일명 인디언밴드라고 한다. 이 부분의 처짐은 필러로 개선하기가 어려운데, 팔자라인을 따라 바로 눈 아래 부분은 꺼지지만 팔자주름 바로 윗부분은 중력에 의해 물방울처럼 볼록해진다는 점 때문이다. 따라서 이것을 근본 개선하려면 처진부분을 유지인대를 박리하여 근막을 직접 외과적인 수술로 리프팅 해주어야 한다. 그래서 이 부분을 개선해주면 상당히 젊어진 듯 보이는 효과가 있고, 다크서클도 사라진 것처럼 보여 건강하고 활기차게 보인다는 점이 있다. 국내에는 이러한 중안면부 리프팅 수술을 전문으로 하는 병원이 있다.

안면거상술

안면거상은 성형기술의 꽃이자 외형적 항노화 기술의 끝판왕이라 볼 수 있다. 안면거상 수술의 위력이 얼마나 강력한지 직접 확인해보고 싶다면 당장 구글에 '안면거상 전후'를 검색해보면 알 것이다. 안면거상은 기본적으로 귀와 측두부 쪽의 피부를 절개하고, 스마스층이라고 하는 근막조직에 붙어 있는 인대를 박리하여 보기좋지 않은 지방조직의 제거와 동시에 물리적으로 근막층을 당겨올린 후, 남는 피부는 잘 절개하여 봉합하는 큰 수술이다. 이 과정에서 신경조직은 건드리지 않아야 하므로 집도의의 경험과 실력이 요구된다. 또한 안면거상 수술의 회복과정에서 절개부위에는 흉터가 생길 수밖에 없는데, 이 때문에 흉터가 생겨도 최대한 보이지 않게 하는 것이 중요하다. 안면거상 수술은 봉합시 주로 귀와 얼굴 사이의 이어지는 부분을 이용하게 되는데, 이때 최대한 귀모양이 변형되지 않게 수술하는 것이 중요한 포인트이다.

유의할 점은 안면거상은 평생 한 번밖에 못한다는 소문이 있는데, 사실 이는 너무 과장된 것이지만, 그래도 재수술에 어느 정도 한계가 있기 때문에 얼굴 처짐이나 노화가 어느 정도 진행되어 나이가 최소 40대 이상이거나 50대 정도는 되었을 때 하는 것이 좋다. 안면거상은 수술 직후 붓기, 출혈 등의 부작용을 방지하기 위해 보통 '피 주머니'라는 것을 2~3일 정도 차고 있어야 하고 일상으로의 회복까지는 평균 2~3주 정도 걸리므로 스케줄 관리를 잘해 놓는 것이 중요하다. 안면거상 수술의 비용은 800~1,100만 원 선이나 병원과 얼굴 처짐의 정도에 따라 가격에 차이가 있다. 마지막으로 얼굴 전면부의 인대를 박리하지 않거나 적게 박리하는, 즉 목 부위까지 당겨 올리는 풀페이스가 아닌 부분적 거상수술은 비추천한다. 왜냐하면 그러한 수술들은 주로 측면부를 거상시키는데 그곳은 팔자주름을 제대로 없애지 못해 여러분들이 생각하는 그런 효과가 나오기 어렵기 때문이다. 그래서 만약 안면거상 수술을 생각하고 있다면, 비용과 시간이 많이 소모되더라도 가급적 풀페이스 안면거상 수술을 추천한다.

08

. . . .

에필로그

건강의 이점

어르신 분들께서는 종종 하루가 짧다, 시간이 금방 간다는 말을 자주 하셨다. 내가 초등학생일 때에는 하루가 너무 길다고 느꼈었는데 그저 지루해서 그렇게 느꼈을까, 시간이 느리게 흐른다고 생각했었다. 하지만 점점 나이가 들수록 진짜로 하루의 길이가 짧아지고 있음을 느낀다. 분명 물리적 시간은 20년전이나 지금이나 똑같겠지만 우리 뇌에도 노화로 인한 변화가 생기는 것이다. 이는 사람 뇌의 해마나 대뇌피질을 컴퓨터로 치자면 저장장치인 하드디스크(HDD)나 램(RAM)으로 볼 수 있기 때문이다. (물론 완전 같지는 않다.) 우리가 늙어서 뇌 기능이 떨어지면 저장이든 재생이든 기록이 촘촘하지 못하고 점점 띄엄띄엄해질 것이다.

슬프게도 절대적인 시간의 변화는 없지만 상대적으로 하루가 점점 축소되어가고 있는 것이다. 우리는 다시금 하루를 길게 가져갈 필요가 있다. 노화 방지의 이점은 우리의 삶 모든 것에 영향을 준다. 가령 재산적 측면으로도, **우리가 돈을 많이 벌고자 할 때, 노력으로 연봉을 두 배를 버는 방법도 있겠지만, 남들이 1년 늙을 때 6개월만 늙는다면 그것도 돈을**

두 배 버는 방법인 것이다.[175] 그 외에 우리가 외형상 젊어 보인다든지 정신적인 건강 등의 추가적인 이점까지 고려한다면 이는 단순 돈으로만 추산될 만한 가치는 아닌 것이다.

젊었을 때 기억의 기록

늙었을 때 기억의 기록

건강 검진

마지막으로 여러분들께 한 가지 당부하고 싶은 말이 있다. **바로 주기적으로 병원에 가서 건강검진을 받는 일이다.** 특히나 사망 원인 1위로 꼽히는 **암은 초기에 빨리 발견하면 발견할수록 완치가능성이 압도적으로 늘어난다.** 당연한 것이지만, 병에 잘 걸리지 않는 것이 수명을 길게하고 노화를 늦추는 길이다.

주의 깊게 봐야 할 수치 간략히 정리

· **혈압**

혈압은 반드시 수동식으로 재야 정확함. (다만 수치 표기만 디지털로 된 것은 무방함.)

· **중성지방**

ldl보다는 중성지방 관리에 신경을 더 쓰자. ldl은 200이라는 수치(190이 넘어가면 병원에서 난리가 난다)가 넘지 않으면 심혈관질환 유병율에서 생각보다 크게 차이가 나지 않지만 중성지방/HDL 수치는 같은 정상 수치 내에서도 차이가 날 만큼 심혈관질환 유병율과 강력한 유의미한 상관관계가 있다고 알려져있다. 최대한 이 수치가 2.5를 넘지 않게 유지하는 것이 중요하고, 그 이하일 경우 이상적이라고 한다.

• 혈당

식사 후 1시간 후의 혈당을 잘 기록해놓자. 140 이하가 이상적이지만 가급적 160은 넘지 않아야 한다. 무엇을 얼마나 먹느냐가 중요할 것이고, 그에 따른 식후 활동량 또한 중요할 것이다. 그리고 공복혈당수치 보다는 당화혈색소 관리에 더 많이 주목하자.

• 체중

체지방에 따라 다르지만, 약간 근육이 있는 상태에서 남자 기준 키-100, 여자 기준 키-110 수준을 유지하자.

나의 최종 일과표

나의 최종 일과표이다.

- **기상 후** 공복 섭취 영양제(아침은 안 먹음)

  NMN 파우더 600mg(2스쿱)

  프레그네놀론 10mg 1캡슐

- **샤워 후**에는 얼굴에 페넬라겐 스킨과 식물나라 선젤 자외선 차단크림
  을 바른다.
- 그리고 **점심 식사(일반식) 후의 섭취 영양제**는 DAY1, 2, 3로 하루씩
  바꿔가면서 섭취한다.
- 점심 식사 후에는 30분 이상 혈당을 떨어뜨릴 만큼의 중강도 운동을
  실시한다.

· DAY1

오메가3, 헤파토프로, MSM, 글루타치온, 베르베린, 망간, 구리, 알파리
포산, 마그네슘, 토코트리에놀, 구연산, 징코빌로바, TUDCA 각 1캡슐,
비타민C 3캡슐, **Nutrient packs 1포(7캡슐) 중 슈퍼오메가3, 슈퍼유비퀴
놀, 헬스부스터, 투퍼데이**

· DAY2

오메가3, 헤파토프로, MSM, 글루타치온, 베르베린, 망간, 구리, 알
파리포산, 마그네슘, 토코트리에놀, Coq10&pqq, 구연산, 징코빌로바,
TUDCA 각 1캡슐, 비타민C 3캡슐, **Nutrient packs 1포(7캡슐) 중 슈퍼오
메가3, 커큐민 엘리트, 투퍼데이**

· DAY3

오메가3, 헤파토프로, MSM, 글루타치온, 베르베린, 알파리포산, 마그네슘, 토코트리에놀, Coq10&pqq, 구연산, 징코빌로바, TUDCA 각 1캡슐, 비타민C 3캡슐, 투어데이(따로 구입한 것), 1캡슐, 플로라파지, 신톨 AMD

- 마찬가지로 **저녁 식사** 후에도 30분 이상 혈당을 떨어뜨릴 만큼의 중강도 운동을 실시한다.
- **저녁 식후** 먹는 것들은 컨디션에 따라 그때 그때 다를 수 있다.
  오메가3, 고농도 레시틴(포스파티딜콜린 420mg), 글루타치온, 구연산, 투어데이 또는 아연(피콜리네이트) 50mg, 마그네슘 1캡슐, 비타민C 3캡슐

- **운동 가기 전**
  HMB 파우더 1.25g
  베타 알라닌 파우더 1.5g
  크레아틴 파우더 2.5g

참고로 나의 경우 HMB, 베타알라닌, 크레아틴을 각 3g씩 공복에 섞어 먹으니 속이 불편하고 약간의 매스꺼움이 느껴져 용량을 권장섭취량보다 줄여서 위와 같이 섭취하고 있으니 참고 바람. 그리고 변비 발생시 차전차피 1포를 추가한다.

- 헬스는 고중량 하체 운동을 포함하여 주 2회 이상 실시한다. 스케줄

이 바쁘면 주 1회를 할 때도 있다. 사우나는 운동 후 목욕탕에서 실시하는데 스팀타올도 같이 해준다.

- 단식은 평소에는 점심, 저녁 2끼만 먹는데, 한 달에 1번 정도는 저녁도 생략하여 20~24시간의 단식을 실시한다. 자주 실시할 경우 근육량과 체중이 너무 많이 줄기 때문에 주의해야 한다.

- 방 온도는 23도를 유지, 환기는 자기 전 5분간 실시해주고 공기청정기로 미세먼지 농도는 5미만을 유지하고, 습도가 50도 미만일 경우 가습기를 사용한다.

- 음식은 가급적 야채, 고기, 밥 등의 탄수화물 순으로 섭취하며 하루 단백질섭취량을 최소 체중*1.2g 이상을 유지하려 노력한다. 하루 단백질량이 미달되는 날은 단백질 보충제를 적극 활용한다.

Day1, Day2, Day3 점심 식후 섭취 영양제. 이런식으로 한번에 3일치를 만들어놓고 매일 점심 식후마다 하나씩 섭취한다.

마지막으로 나는 자취생활을 하는 데다가 기본적으로 요리가 너무 귀찮기 때문에 아래와 같은 레시피를 활용한다. 특히나 혼자 있기 때문에 일반식을 하지 않아도 되는 주말에는 자주 이렇게 먹는다.

- 당뇨환자식 아침 겸 점심1: 브로콜리 4조각(큰 토마토 1개로 대체 가능), mct오일과 올리브유를 반반 섞은 식용유에 계란후라이 2개, 스팸 2조각, 호두와 아몬드 견과류 8조각 이내(그릭요거트나 수제요거트로 대체 가능).
- 당뇨환자식 아침 겸 점심2: ketozeroom 다크초콜릿 1개+A2우유 200ml, 단백질보충제 25g(락타아제 포함, 소금 첨가)+가염버터 10g(프레지덩 포션)+운동보충제(HMB, 베타알라닌, 크레아틴, 아포칼립스 퓨리, 차전차피)
- 당뇨환자식 아침 겸 점심3: 맛있는 키토 버터바(황치즈) 1개+단백질보충제 25g(소금 첨가)+운동보충제(HMB, 베타알라닌, 크레아틴, 차전차피)
- 당뇨환자식 아침 겸 점심4: Hexapro 프로틴바 2개.
- 당뇨환자식 저녁1: 도우가 얇고, 소스, 치즈, 올리브를 잔뜩 추가시킨 고기피자를 배달 주문해서 절반씩 이틀에 걸쳐서 나눠 먹음.
- 당뇨환자식 저녁2: 엉파 저당 굴림만두 1팩(400g)을 찐만두로 요리해서 섭취.

영양제 구매사이트,
아이허브(iHerb) 소개

영양제 구매는 모두 인터넷 사이트를 이용하는데, 나는 오메가3를 제외하고는 거의 대부분을 아이허브에서 구매하는 것 같다.[176] 아이허브는 웹사이트가 있지만 구글 Play 스토어에 어플리케이션으로도 있어서 어플로 이용하면 더 편리하게 이용 및 구매가 가능하다. 다만 아이허브는 해외 글로벌 직구 사이트로서 1회 구매에 최대 제품 6개까지 구매가 가능하고, 150달러의 제한 규정이 있다. 그리고 할인코드가 매달마다 행사처럼 뿌려지는데 10만 원 이상 구매해야 한다든지, 어떤 특정 조건을 만족시키면 10%에서 최대 30%까지 할인이 가능하다. 할인코드를 검색하는 요령은 구글에 해당년도, 날짜를 적어서 검색한다. 예를 들자면 '아이허브 2024년 3월 할인코드' 같은 식이다. 또한 4만원이상 구매하면 택배비가 무료인데(4만 원 미만이면 5천 원 추가됨) 배송까지 통상 5일 정도 걸리는 것 같다. 해외 직구인 점을 감안하면 이는 사실 매우 빠른 편이다. 마지막으로 나의 추천인 할인코드는 **PVH606**이다.

할인코드

PVH606 적용

이 할인코드를 적으면 횟수나 금액, 조건에 관계없이 5%가 할인된다. 그리고 나도 5%가 적립된다. 비록 할인율은 낮지만 조건에 맞는 좋은 할인코드가 없거나 액수가 적을 경우, 아니면 저자에게 약간의 고마움을 표시하고 싶어 후원을 하고 싶은 것이라면 위 할인코드를 사용해준다면 고맙겠다(^^). 나의 경우도 적용할 만한 할인코드가 없거나 소액인 경우 사용하려고 평소 외워서 쓰는 타인의 할인코드가 있다. 이 시스템은 아마 몇 번 정도 아이허브를 사용해 본다면 누구든 쉽게 이해가 될 것이다.

이상 긴 글 읽어주어 감사드린다. 모두가 젊음을 유지하고, 건강을 되찾길 바라며…. 포랑(圃烺) 지음.

1 조운. (2023년 2월 28일). "2023년 4분기 합계출산율 0.65명 '역대 최저'… 2023년 잠정 합계출산율 0.72명," 메디게이트뉴스. https://medigatenews.com/news/3044206017.

2 생물학적 나이를 예측할 수 있는 여러 지표에는 에피제네틱 시계, 텔로미어 길이, 그리고 다양한 생체 분자 지표 등이 있다. J. Jylhävä, N. Pedersen, & S. Hägg. (2017). "Biological Age Predictors", EBioMedicine, 21, pp. 29-36.

3 나이가 들수록 세포재생능력은 점차 감소하지만, 이 과정을 역으로 되돌리는 것에 초점을 맞추어 세포가 다시 젊어지는 새로운 접근방식이 가능할 수 있음을 보여준다. M. West, H. Sternberg, I. Labat, J. Janus, K. Chapman, Nafees N. Malik, A. D. de Grey, D. Larocca. (2019). "Toward a unified theory of aging and regeneration", Regenerative medicine.

4 Pribitkin, E. (2009). Laser Facial Resurfacing. , 861-868. 피부의 구조와 상처 치유의 기본 원리에 대해 다루고 있으며 레이저 시술의 경우 빈도 수 및 노출시간, 강도를 조절함으로써 피부 손상을 최소화하고 재생을 촉진할 수 있는데, 특히 노화된 피부의 경우에는 이러한 조절이 더욱 더 중요하다고 강조하고 있다.

5 혀의 맛 지도는 에드윈 가리규스 보링(Edwin Garrigues Boring)에 의한 잘못된 해석에서 비롯된 이론이다. 보링은 하인리히 헤니히(David Pauli Hanig)의 연구를 잘못 해석하여 혀의 각 부위가 특정 맛을 감지한다고 주장했지만 실제로는 혀의 미뢰가 모든 부위가 모든 종류의 맛을 감지할 수 있다. E. G. Boring. (1942). "Sensation and Perception in the History of Experimental Psychology", Appleton-Century-Crofts, pp. 224-239.

6 하지만 버지니아 콜링스(Virginia Collings)의 반박 연구를 보면 모든 종류의 맛 수용체가 혀 전체에 분포되어 있는 것은 사실이지만, 여전히 혀의 특정 부위가 특정 맛에 더 민감할 수는 있다고 한다. Virginia Collings. (1974). "Human Taste Response as a Function of Locus of Stimulation on the Tongue and Soft

Palate", Perception & Psychophysics, 16(1), pp. 169-174. 이는 구상 미뢰, 설종 미뢰, 엽상 미뢰 등 각 미뢰의 유형에 따라 특정 맛을 느끼는 맛세포의 분포 정도는 어느 정도 차이가 있기 때문이다.

7   Ancel Keys. (1953). "Atherosclerosis: A problem in newer public health", Journal of the Mount Sinai Hospital, 20, pp. 118-139. 이것이 문제의 논문이다. 그는 포화지방이 심혈관질환을 유발한다는 가설을 뒷받침하기 위해 22개국의 데이터 중 이에 부합하는 7개국의 국가만을 취사선택 하였으며, 상관관계와 인과관계의 혼동, 국가적 변수의 불충분한 고려, 통계적 방법론의 한계 등 많은 문제점을 가진 이 논문을 발표하였다. 그리고 이 논문은 전세계적으로 매우 엄청난 파장을 일으키게 된다.

8   A. Simopoulos. (2006). "Evolutionary aspects of diet, the omega-6/omega-3 ratio and genetic variation: nutritional implications for chronic diseases." Biomedicine & pharmacotherapy = Biomedecine & pharmacotherapie, 60(9), 502-7. 저자는 위 논문에서 인류가 약 1:1의 오메가6대 오메가3의 비율로 진화했으나, 현대 서구식 식단에서는 이 비율이 15:1에서 16.7:1로 크게 증가하였다고 하며, 이러한 높은 오메가6 대 오메가3의 비율은 심혈관 질환, 암, 골다공증, 염증 및 자가면역 질환의 발병을 촉진시킬 수 있다고 주장하였다. 해당 연구는 또한 오메가3 지방산의 증가가 이러한 질병의 억제 효과를 가질 수 있음을 보여준다.

9   Hyejin Lee, Jee-young Oh, Y. Sung, Dong-Jun Kim, Sung-Hoon Kim, S. Kim, S. Moon, I. Park, E. Rhee, C. Chung, B. Kim, B. Ku. (2013). Diabetes research and clinical practice, 99(2), pp. 231-6. 의학적인 당뇨병 진단기준의 A1C(당화혈색소)값은 5.7% 미만이 정상, 5.7~6.5% 미만이 당뇨병 전 단계, 6.5% 이상일 경우 당뇨병이라고 판단하지만, 위 연구는 한국 성인의 경우 당뇨병 진단을 위한 A1C 임계값을 6.1%라고 제시하였다.

10 미네랄 양이 극단적으로 감소하는 결과값을 보여주는데 특히 마그네슘은 1914년 측정 값 대비 82.7% 더 감소했다. 토양에 미네랄(특히 미량 미네랄)이 과거 대비 점차 결핍이 되어간다는 주장은 대체로 인정하는 사실이지만, 이러한 구체적 수치들은 측정방식이나 개체 및 품종에 따른 변수가 매우 많아 신뢰성은 떨어진다. Lindlaar, 1914; USDA, 1963 and 1997

11 류성. (2019년 6월 25일). "유전자검사 대중화… 혈액·침으로 분석해 시간·비용 확 줄어." 이데일리. https://m.edaily.co.kr/news/read?newsId=012595266

22525328&mediaCodeNo=257

12 송혜영. (2023년 9월 17일). "정부, 해외 유전자 검사 업체에 칼 빼들었다." Et-
news. https://www.etnews.com/20230915000163

13 이인복. (2022년 3월 3일). "못 믿을 자동혈압계… 커프 크기 따라 혈압 오락가
락." 메디컬타임즈. https://www.medicaltimes.com/Main/News/NewsView.
html?ID=1146020

14 고혈압 약의 가장 큰 부작용은 '저혈압'이다.

15 TV 방송에서 한의사분들이 그러한 발언을 하길래 깜짝 놀랐다.

16 임상 연구를 통해, 여러가지 조건하에서 말초 신경 손상 후 침술이 신경 손
상을 회복하는 데 도움을 줄 수 있음을 보여준다. Yueh-Sheng Chen, C. Ke,
Ching-Yun Chen, Jaung-Geng Lin. (2018). "Effects of Acupuncture on Pe-
ripheral Nerve Regeneration", Yongke Yang, Chang Rao, Tianlong Yin, et
al. (2023). "Application and underlying mechanism of acupuncture for the
nerve repair after peripheral nerve injury: remodeling of nerve system."
Frontiers in Cellular Neuroscience.

17 Sandberg, M., Lundeberg, T., Lindberg, L., & Gerdle, B. (2003). "Effects of
acupuncture on skin and muscle blood flow in healthy subjects", European
Journal of Applied Physiology, 90, pp. 114-119.

18 한의원마다 다양한 침을 사용한다. 아주 미세한 수작업이기 때문에 저마다 시
술 방식에 어느 정도 차이는 있겠지만 근본 원리는 비슷하니 면밀한 상담을 통
하여 주변에 잘하는 곳을 찾아보면 좋을 것이다.

19 당연히 사람마다 다를 수 있다.

20 즉각적인 해독과정에나 별 도움이 안 된다는 뜻이다. 결국 단백질이 아미노산
까지 최종 분해되면 2차해독 과정인 포합작용에 사용되긴 한다.

21 주로 두통이나 어지러움, 심박수 빨라짐, 초조함 등이 있다.

22 TRT 요법으로서 주로 네비도(NEBIDO)가 사용된다.

23 독일의 철학자 루트비히 안드레아스 페헤르바흐(Ludwig Andreas Feuerbach)
가 말한 것에서 유래되었다. 이 말은 한 사람의 건강과 정체성이 그가 먹는 음
식에 의해 결정된다는 것을 뜻하며, 영양학에 대한 인식을 향상시키는 데 널리
쓰이게 되었다.

24 이러한 영양소들은 필요한 만큼 쓰이고 나갈 수는 있지만 부족하면 전혀 체내
합성이 되지 않는다. 특히 필수지방산인 오메가3:6 비율 같은 것들은 평소 먹

는대로 정해질 뿐이다.

25 일부 차이가 있는 것들도 있기는 하다. 대표적으로 요오드의 경우 독특한 특성이 있어서, 유기요오드와 무기요오드의 생체적 쓰임에 차이가 있다.

26 이 사람들의 주식은 오메가3 지방산 함량이 높은 생선과 물개 등인데, 혈중 오메가3 농도가 고기를 주식으로 먹는 현대인들보다 월등히 높다고 한다. 그래서 코피도 자주 나고 지혈 작용도 잘 안 되는 특성이 있다고 하는데 이는 오메가3의 항염, 항응고 작용 때문인 것으로 보인다. S. Ebbesson, P. Risica, L. Ebbesson, J. Kennish. (2005). Eskimos have CHD despite high consumption of omega-3 fatty acids: the Alaska Siberia project. International Journal of Circumpolar Health, 64(4), 387-395.
A J Parkinson, A L Cruz, W L Heyward, L R Bulkow, D. Hall, L. Barstaed, W E Connor. (1994). Elevated concentrations of plasma omega-3 polyunsaturated fatty acids among Alaskan Eskimos. The American Journal of Clinical Nutrition, 59(2), 384-8.

27 하지만 이에 대해 식품 구성 데이터의 신뢰성 문제와 토양 샘플 비교를 통해 작물의 미네랄 함량의 감소는 측정 방식이나 특정 작물 품종에 따라 차이가 큰 것이지 토양의 미네랄 함량 자체는 유의미한 변화가 없었다는 반박 논문이 존재한다. R. Marles. (2017). "Mineral nutrient composition of vegetables, fruits and grains: The context of reports of apparent historical declines", Journal of Food Composition and Analysis, 56, pp. 93-103.

28 질소, 인, 칼륨을 기반으로 제조하는 화학비료에 주기적으로 유기비료와 퇴비를 추가해주거나 미량 미네랄을 따로 추가해주지 않는 이상 수확된 작물에서 미량 미네랄 함량이 감소할 수 있음은 분명할 것이다. 특히 위의 반박 논문에서 인용했던 참조 논문에서도 Se(셀레늄)과 I(요오드)는 인간에게 필수적인 미량 미네랄이지만, 식물에게는 필수적이지 않은 것으로 보인다고 하며, 그럼에도 불구하고 토양에서 식물로 상당한 농도가 축적 된다고 언급하고 있다는 점을 주목해야 한다. Smoleń, S., Kowalska, I., & Sady, W. (2014). "Assessment of biofortification with iodine and selenium of lettuce cultivated in the NFT hydroponic system", Scientia Horticulturae, 166, pp. 9-16.

29 N. Temple. (1983). "Refined carbohydrates - a cause of suboptimal nutrient intake." Medical Hypotheses, 10(4), pp. 411-424. 이 연구에서는 탄수화물 식품의 도정 과정이 식이섬유, 여러 비타민, 미네랄의 농도를 급격히 감소시키고

있다고 보고하고 있다.

30 필자도 하루 영양제 20~30알 정도 섭취하는데 이것만 해도 꽤나 버겁다.

31 레이 커즈와일은 저서 《영원히 사는 법》에서 포스파티딜콜린을 섭취하면 즉시 노화의 시계를 거꾸로 돌려 아이처럼 탱탱한 피부, 내장 기능을 원활히 할 수 있다고 주장했다. Kurzweil, R. (2009). Transcend: Nine Steps to Living Well Forever. Rodale Books, p. 28.

32 좀 더 구체적으로 말하자면, 비타민K2는 체내 합성이라기보다는 섭취한 비타민 K1을 통해 장내 미생물이 일부 만들어낸다.

33 Shukla, A. P., Dickison, M., Coughlin, N., Karan, A., Mauer, E., Truong, W., Casper, A., Emiliano, A., Kumar, R. B., & Saunders, K. (2018). "The impact of food order on postprandial glycaemic excursions in prediabetes", Diabetes, 21(4), pp. 377-381. 위 논문에서 같은 양의 음식을 식사 순서를 바꾸어 줌으로써 최고 혈당 수치가 전후 대비하여 38.8%이 감소하였다고 하는데, 실험 내용을 보면 피험자 평균 연령대가 50세 이상에 표본이 25명밖에 되지 않는 점, 이들의 평균 당화혈색소 수치가 6% 이상인 점을 고려할 때 일반사람 모두에게 이 정도 수치가 적용된다고 보기에는 다소 어려울 것 같다.

34 Dian Eka Widyasari, Sugiarto, & D. Indarto. (2021). "Vegetables Consumption Before Carbohydrates Improves Daily Fiber Intake and Blood Sugar Levels in Patients With Type 2 Diabetes Mellitus." 해당 논문에서도 언급하듯 식이섬유가 영향을 주는 것으로 보이며, 이는 아마 식이섬유가 탄수화물의 급격한 소화 흡수를 방해하여 혈당이 천천히 오르는 것으로 보인다.

35 중고등학교 생물 과목 시간에 배우는 내용이다. 나트륨 재흡수 시스템은 2가지의 경우에만 작동하도록 되어있는데, 체내에 칼륨보다 나트륨이 부족한 상태이거나, 반대로 칼륨이 너무 많을 때이다.

36 나트륨 섭취량을 줄여 고혈압을 발병율을 줄이고자 하는 것이 가장 큰 목표인데, 이게 얼마나 의미없는 일인지 통계 자료(KOSIS)를 보자면, 우리나라의 경우 나트륨 섭취량이 2010년 기준 평균 4,789mg이었고, 서서히 매년마다 계속해서 줄어 2022년 기준으로 3,030mg이 되었다. 12년간에 걸쳐 나트륨 섭취량이 37% 정도 감소한 것이므로, 결과적으로 한국인의 나트륨 섭취량은 매우 많이 줄어들게 된 것이다. 그런데 같은 기간 만 30세 이상자의 고혈압 유병률(연령표준화)은 2010년 26.8%, 2022년 27.3%로 오히려 소폭 증가했다. 그러면 적어도 고혈압 발생 원인은 나트륨 때문이 아니라 비만 문제나 그 외 다른 부분에

있다고 판단하는 것이 상식적으로 맞지 않을까? 그런데 아직도 나트륨 섭취는 고혈압 발생의 중요한 인자라고 규정지어 놓고, 끼워맞추기 식의 단편적 결과로만 무분별한 저염식을 강요하는게 지금의 현실이다. 칼륨 부분에서도 설명했지만, 우리 몸은 나트륨 재흡수 시스템이 존재하며, 나트륨이 부족하면 안지오텐신 호르몬이 분비되고 신장 사구체의 혈압이 올라가며, 다시 말해 무리를 해서라도 나트륨 재흡수 시스템을 가동시키게 되어있다. 반면에 칼륨은 그런 시스템이 없다. 그만큼 나트륨이 부족한 상황이 훨씬 몸에 해롭기 때문에 그런 시스템이 존재하는 것이라고 생각해볼 수 있지 않을까? 육식 동물은 초식동물의 고기와 피로서 나트륨을 섭취할 수 있지만, 초식동물은 풀에 있는 칼륨을 다량 섭취하기 때문에 소금을 본능적으로 매우 좋아하게 되며, 소금이 결핍되면 목숨을 걸고서라도 암염지대로 대이동 하는 경우가 많다. 소금이 우리에게 어떤 존재인지, 무작정 저염식이 맞는지에 대해 다시 한번 생각해볼 필요가 있다.

37 위산의 염산 성분 분자식은 HCl이고 소금의 염화나트륨 화학식은 NaCl이다. 염화이온(Cl-)은 결국 소금에서 가져온다. 염화이온은 대부분이 소금에서 오는 것이고 따라서 소금 섭취가 부족하면 위산이 잘 안 만들어진다.

38 Calissendorff, J., & Falhammar, H. (2017). "Lugol's solution and other iodide preparations: perspectives and research directions in Graves' disease." Endocrine, 58, 467-473.

39 Naidu, K. A. (2003). "Vitamin C in human health and disease is still a mystery? An overview." Nutrition Journal, 2(1), 7. 대표적으로 위 논문은 비타민C의 역할과 관련된 여러 건강상 이점뿐만 아니라 발견 역사, 동물에서의 체내 생합성 과정, 항암 작용, 죽상동맥경화증, 그리고 상처 치유 등에의 관여에 대해서 폭넓게 다루고 있는데, 비타민C의 과잉 섭취와 신장 결석 형성은 명확한 관련성이 없다고 결론 내리고 있다.

40 Ferraro, P. M., Curhan, G., Gambaro, G., & Taylor, E. N. (2016). "Total, Dietary, and Supplemental Vitamin C Intake and Risk of Incident Kidney Stones." American Journal of Kidney Diseases, 67(3), 400-407. 이 연구는 남성에서는 비타민C 보충제의 과다 섭취가 신장결석 위험을 증가시킨다는 관련성을 발견하였지만, 여성에서는 관련성을 발견치 못하였으며, 또한 음식으로 섭취하는 비타민C와 신장결석 위험의 유의미한 관련성도 발견치 못하였다.

41 Cheungpasitporn, W., Rossetti, S., Friend, K., Erickson, S., & Lieske, J. (2016). "Treatment effect, adherence, and safety of high fluid intake for the

prevention of incident and recurrent kidney stones: a systematic review and meta-analysis." Journal of Nephrology, 29, 211-219. 해당 논문은 273,954명을 대상으로한 9개의 연구들을 메타분석한 논문으로, 많은 양의 수분 섭취(2.5L)는 신장결석 발생 위험을 다양한 연령대에서 남녀노소 불문 60%나 감소시킬 수 있었다고 하며, 신장결석 재발을 예방하는 데에도 효과적일 수 있다는 결론을 내렸다. 따라서 신장결석 발생이 무섭다면 물부터 하루에 적정량을 섭취하고 있는지 체크해야 할 것이며, 이러한 연구야 말로 관련성과 일관성이 있는 제대로 입증된 연구가 아닐까 싶다.

42 Yuen Chuen Fong Raymond, Chong Sze Ling Glenda, Li Meng. (2016). "Effects of High Doses of Vitamin C on Cancer Patients in Singapore", Integrative Cancer Therapies, 15, pp. 197-204.

43 Vuolo, L., Di Somma, C., Faggiano, A., & Colao, A. (2012). "Vitamin D and Cancer." Frontiers in Endocrinology, 3, 58.

44 S. Khanna, M. Heigel, J. L. Weist, S. Gnyawali, S. Teplitsky, S. Roy, C. K. Sen, & C. Rink. (2015). "Excessive α-tocopherol exacerbates microglial activation and brain injury caused by acute ischemic stroke", The FASEB Journal, 29, pp. 828-836. 하지만 이 연구는 어디까지나 비타민E의 한 형태인 α-토코페롤 수치와 관련된 출혈성 뇌졸중 위험의 증가 가능성과 관련된 연구이다. 토코페롤은 α, β, ɣ, δ 4가지 종류가 존재하고, 짧은 꼬리 구조를 가진 또 다른 형태의 비타민E인 토코트리에놀에 대해서는 그러한 연구결과가 존재하지 않는다. K. Ahn, G. Sethi, K. Krishnan, B. Aggarwal. (2007). "ɣ-Tocotrienol Inhibits Nuclear Factor-κB Signaling Pathway through Inhibition of Receptor-interacting Protein and TAK1 Leading to Suppression of Antiapoptotic Gene Products and Potentiation of Apoptosis", Journal of Biological Chemistry, 282, pp. 809-820. 또한 토코트리에놀은 특유의 형태로 인해 일반 토코페롤보다 수십 배 이상의 강력한 항산화 효과를 갖는다고 알려져 있고 신경퇴행성 질환인 루게릭병의 원인이라고 알려진 NF-kB 경로의 활성화를 억제한다는 연구결과가 있다.

45 Ross, J., & Kasum, C. M. (2002). "Dietary flavonoids: bioavailability, metabolic effects, and safety", Annual Review of Nutrition, 22, pp. 19-34.

46 ORAC(산소 라디칼 흡수 능력) 지수는 처음 미국 농무부(USDA)의 과학자들에 의해 도입된 개념이었다.

47 세놀리틱(Senolytic)은 주로 노화된 세포를 선택적으로 제거하거나 죽음을 유

도하여 노화 과정을 개선하고, 관련 질병의 위험을 줄이기 위해 개발된 약물이나 화합물을 지칭하는 용어이다.

48 건강한 성인을 대상으로 글루타치온의 경구 보충이 혈액, 적혈구, 혈장, 림프구 및 구강상피 세포에서의 글루타치온 수준에 미치는 영향을 6개월 동안 무작위, 이중 맹검, 용량 조절, 위약 대조 방식으로 연구한 논문이며, 결과적으로 글루타치온의 경구 보충이 글루타치온 수준을 유의미하게 증가시키는 것을 관찰하였다. 또한 글루타치온을 약 한 달 정도 복용을 중단하면 체내 글루타치온 수치는 다시 원래 수준으로 돌아오는 것도 확인하였다. J. Richie, S. Nichenametla, Wanda Neidig, A. Calcagnotto, J. Haley, T. Schell, J. Muscat. (2014). "Randomized controlled trial of oral glutathione supplementation on body stores of glutathione", European Journal of Nutrition, 54, pp. 251-263. 그런데 유의할 점은 해당 논문에서는 글루타치온 경구 섭취와 관련된 흡수 경로는 구체적으로 설명하지 않았으며, 글루타치온의 경구 섭취와 흡수에 관해서는 아미노산으로 분해되어 체내 재합성 된다는 가설, 또는 위장관에서 특수한 경로에 의해 글루타치온이 흡수될 수 있다는 가설 등 이 분야는 아직도 연구가 필요한 분야이다.

49 비타민C 자체가 항산화제 역할도 하기 때문에 또 다시 등장했다.

50 라이프 익스텐션(Life Extension)사의 BCM-95, 나우(NOW)사의 Longvida, 네츄럴팩터스(Natural Factors)사의 테라큐민 등.

51 Jun-yi Yin, Huili Xing, Jianping Ye. (2008). "Efficacy of berberine in patients with type 2 diabetes mellitus." Metabolism: clinical and experimental, 57(5), 712-717.

52 물론 유당이 직접적으로 노화를 일으킨다는 것은 아니다. 다만 유당은 장내 유해균 증가시키고 유익균은 감소시켜 변비 등 장 건강에 부정적인 영향을 줄 수 있다. B. Kleessen, Bernd Svkura, H. Zunft, M. Blaut. (1997). "Effects of inulin and lactose on fecal microflora, microbial activity, and bowel habit in elderly constipated persons", The American Journal of Clinical Nutrition, 65(5), pp. 1397-1402.

53 A1 카제인 단백질에서 형성된 BCM-7과 밀가루 글루텐 단백질의 글라이딘은 일반적인 소화효소로 잘 분해되지 않는 프롤린이 다수 결합한 펩타이드로, 장벽을 손상시키고 면역 반응을 유발한다고 알려져있다.

54 감미료 파트에서 구체적으로 다루겠지만 보충제에 아스파탐이 포함된다면 믿

고 거르는 편이 좋다.

55 사실 여기서 이것은 그리 중요치는 않은 고려 대상이기는 하다.

56 크레아틴 보충과 운동 능력의 강화에 관한 연구는 너무나 많아서 일일이 다 언급하기 힘들 정도이다.

57 해외에서는 이미 오래전부터 수많은 임상논문이 있지만 유독 국내에서는 HMB에 대해서 잘 모르는 사람들이 많다. HMB는 소량으로도 운동 능력의 개선뿐만 아니라 근육량의 손실을 줄이고 근합성 및 회복을 돕는다. Slater, G., & Jenkins, D. (2000). Beta-hydroxy-beta-methylbutyrate (HMB) supplementation and the promotion of muscle growth and strength. Sports Medicine, 30(2), 105-116.

Van Someren, K. A., Edwards, A. J., & Howatson, G. (2005). Supplementation with beta-hydroxy-beta-methylbutyrate (HMB) and alpha-ketoisocaproic acid (KIC) reduces signs and symptoms of exercise-induced muscle damage in man. International Journal of Sport Nutrition and Exercise Metabolism, 15(4), 413-424.

58 크레아틴과 마찬가지로 베타 알라닌의 보충과 운동 능력의 강화에 관한 연구는 너무나 많다. 크레아틴은 ATP 재합성에 이용되며 주로 고강도 운동 능력에 미치는 영향이 크다면, 베타 알라닌은 근육 내 카르노신 수치를 증가시켜 피로 물질의 중화를 돕기 때문에 중강도 운동이나 근지구력향상에 도움이 된다고 알려져 있다.

59 Shiva Houjeghani, S. Kheirouri, Esmaeil Faraji, M. Jafarabadi (2018). "l-Carnosine supplementation attenuated fasting glucose, triglycerides, advanced glycation end products, and tumor necrosis factor-α levels in patients with type 2 diabetes: a double-blind placebo-controlled randomized clinical trial", Nutrition research, 49, pp. 96-106.

60 스포츠에서는 도핑으로 사용이 금지된다.

61 1999년부터 수입 및 판매 금지되었다.

62 Wehr, E., Pilz, S., Boehm, B. O., März, W., Obermayer-Pietsch, B. (2010). Association of vitamin D status with serum androgen levels in men. Clinical Endocrinology, 73, 243-248.

63 Lerchbaum, E., Trummer, C., Theiler-Schwetz, V., Kollmann, M., Wölfler, M., Pilz, S., Obermayer-Pietsch, B. (2018). Effects of vitamin D supplementation on androgens in men with low testosterone levels: a randomized controlled trial. European Journal of Nutrition, 58, 3135-3146.

64   아세트산(C2), 프로피온산(C3), 부티르산(C4) 등.

65   카프로산(C6,), 카프릴산(C8), 카프로산(C10), 라우르산(C12) 등.

66   팔미트산(C16), 스테아르산(C18) 등.

67   올레산, 네르본산 등.

68   알파리놀렌산, DHA 등.

69   리놀레산, 아라키돈산 등.

70   Xingyong Chen, Yeye Du, Grace F. Boni, Xue Liu, Jinlong Kuang, & Z. Geng. (2019). "Consuming egg yolk decreases body weight and increases serum HDL and brain expression of TrkB in male SD rats", Journal of the Science of Food and Agriculture, 99(8), pp. 3879-3885 해당 연구는 계란 노른자 소비가 체중 감소와 함께 HDL 수준을 증가시키며, 뇌에서의 TrkB 표현을 증가시켰다는 결과를 보여주고 있다. 이러한 결과는 계란 노른자의 장기적인 섭취가 부정적인 영향보다 건강에 긍정적인 영향을 줄 수 있음을 보여주고, 또한 계란 노른자의 섭취가 콜레스테롤 수치나 기타 건강 지표에 미치는 영향에 대해서는 재평가할 필요가 있음을 보여준다. "Egg consumption, serum cholesterol, and cause-specific and all-cause mortality: the National Integrated Project for Prospective Observation of Non-communicable Disease and Its Trends in the Aged, 1980 (NIPPON DATA80)." (2004) 일본에서도 계란 섭취량과 콜레스테롤 및 사망률에 대해 14년간 수천 명을 대상으로 장기 추적 관찰한 논문이 있는데, 편견과는 달리 계란을 하루 1개 이상 섭취하는 그룹이 오히려 건강상 이점이 있을 수 있다는 비슷한 결과가 도출되었다.

71   1958년부터 2014년까지의 미국 인구 제2형 당뇨환자의 증가율을 보여주는 CDC의 2014년 4월 공식 통계자료이다. Centers for Disease Control and Prevention (CDC). (2016). Long-term Trends in Diabetes. Division of Diabetes Translation, U.S. Diabetes Surveillance System. Available at: http://www.cdc.gov/diabetes/data

72   2014년 기준 7.02%. 참고로 2021년의 미국 인구 제2형 당뇨환자 유병율은 11.6%이다. Centers for Disease Control and Prevention (CDC). (2021). National Diabetes Statistics Report. Available at: https://www.cdc.gov/diabetes/data

73   미국인의 1970년 대비 2014년 식재료 소비량 변화를 보여준다. 전체 우유 소

비량 -35%(그러나 저지방 우유는 소비량 대폭 증가), 계란 -5.2% 버터 -8% 알곡 +28% 과일류 +35%, 1970년대비 2010년 동물성기름 -27% 식물성기름 +87%라는 큰 변화가 있음을 확인할 수 있다. Jeanine Bentley. (2017). "U.S. Trends in Food Availability and a Dietary Assessment of Loss-Adjusted Food Availability, 1970-2014."

74 https://www.novartis.com/us-en/about/novartis-us/our-commitment-improv-ing-population-health-heart-disease 1920년부터 2017년까지의 미국인 심혈관 질환 사망자 그래프를 이 사이트에서 확인이 가능하다. 참고로 그래프는 미국 보건통계시스템인 NVSS(National Vital Statistics System) 자료로 만들어졌다.

75 Patty W Siri-Tarino, Qi Sun, F. Hu, & R. Krauss. (2010). "Meta-analysis of prospective cohort studies evaluating the association of saturated fat with cardiovascular disease." The American Journal of Clinical Nutrition, 91(3), 535-546. 해당 논문은 세계 여러 국가들의 인구 약 35만 명을 대상으로한 21개의 연구들을 메타분석한 논문으로, 포화지방을 섭취하는 것과 관상동맥 질환, 뇌졸중 또는 심혈관 질환 위험 사이에 유의미한 연관성이 없다고 결론지었다.

76 유영상, 이윤희. (1996). "우리나라 스님들의 식생활과 영양실태 조사 연구." 東아시아食生活學會誌(Journal of the East Asian Society of Dietary Life), 6(3), pp. 425-434. 해당 논문은 전국 29개 사찰 406명의 스님들을 대상으로 한 광범위한 연구 논문으로, 스님들의 식생활 및 전반적인 영양상태뿐 아니라 도심사찰, 산중사찰, 비구니스님으로 분류하여 건강상태를 확인하였다. 전체 스님들 중 체중과다 스님은 9.4%에 불과해 정상 체중을 가진 스님들이 훨씬 많음을 알 수 있고, 이는 당시 한국인구 평균 비만율이 25% 정도임을 감안할 때 매우 좋은 수치임을 알 수 있다. 그러나 식단에서 스님들은 지질 섭취와 단백질 부족 현상이 상당히 심한 것으로 나타났고, 특히 잦은 감기와 위염을 앓고 있는 경우가 많았는데, 해당 논문 저자는 이에 대해 주된 단백질 공급원이 콩류인 채식생활로 인해 단백질 섭취량이 부족하기 때문인 것으로 사료된다고 평가하였다. 또한 당질 위주의 식생활로 인해 일반 성인남녀에 비해 특히 '중성지질'의 함량이 더 높은 경향이 있어 주식인 곡류 외에 영양소의 골고루 섭취할 수 있도록 부식을 통한 식단 개발이 필요하다고 보았다.

77 Löwik, M., Schrijver, J., Odink, J., Berg, H., & Wedel, M. (1990). "Long-term effects of a vegetarian diet on the nutritional status of elderly people (Dutch Nutrition Surveillance System)." Journal of the American College of Nutrition,

9(6), 600-609. 이 연구는 장기간 채식을 한 노인의 영양 상태를 평가하며 채식
주의자 노인들이 비채식 노인에 비해 철분, 아연, 비타민 B12 등 일부 필수 영
양소의 결핍 위험이 더 높다는 것을 확인하였으며, 특히 심혈관 위험 요인과
관련하여 비채식인에 비해 훨씬 노화된 상태임을 보여주었다. 따라서 채식주
의가 모든 사람에게 이로울 수 있다는 주장은 일반화하기 어려운 것이며 특히
노인 인구에서는 적절한 영양 공급을 관리하는 것이 중요할 것으로 보인다.

78 뇌의 구성성분은 전체적으로 지방성분이 절반 이상으로 많이 차지하고 있는
데, 그 지방성분 중에서도 절반 가까이가 포화지방이 차지하고 있다. 그리고
약 30%가 오메가9 계열의 단일불포화지방산이며, 나머지는 다중불포화지방
산, 그중에서 오메가3 형태(특히 DHA)가 가장 풍부하다. 그리고 콜레스테롤
함량도 매우 높다. 이것이 무엇을 시사하는지 한번 생각해볼 필요가 있다. R.
Pullarkat & H. Reha. (1976). "Fatty-acid composition of rat brain lipids. De-
termined by support-coated open-tubular gas chromatography." Journal of
chromatographic science, 14(1), 25-28.

79 고기, MCT오일, 버터 등을 활용하여 포화지방의 하루 권장 섭취량의 2배 이상
인 30~40g 정도를 섭취한다.

80 Sävendahl, L., & Underwood, L. E. (1999). "Fasting increases serum total
cholesterol, LDL cholesterol and apolipoprotein B in healthy, nonobese hu-
mans." The Journal of Nutrition, 129(11), 2005-2008. 이 연구는 건강한 비(非)
비만 성인이 7일 동안 단식할 경우 총 콜레스테롤, LDL 콜레스테롤, 그리고 아
포지단백B의 수치가 상승함을 보여주며, 단식이 이러한 지질 프로필에 미치는
영향을 평가하였다.

81 Sang-Wook Yi, Sang Joon An, Hyung Bok Park, Jee-Jeon Yi, Heechoul Ohrr,
Association between low-density lipoprotein cholesterol and cardiovascular
mortality in statin non-users: a prospective cohort study in 14.9 million Kore-
an adults, International Journal of Epidemiology, Volume 51, Issue 4, August
2022, Pages 1178-1189 최신 대규모 국내 연구로서 장장 9년간 1,490만 명의
'비스타틴 사용자'를 추적조사 하였다. 직접 그래프를 확인해보면 알겠지만
LDL수치가 90 밑으로 떨어지면 오히려 심장질환 위험성이 올라가는 U자, 내
지는 J커브형태로 심장질환 연관성을 보여주고 있으며, 최적수치는 90~150정
도로, 200까지는 Harzard Ratio는 그다지 크게 증가하지 않고 60과 동급의 위
험률을 보여준다. 따라서 LDL수치를 너무 낮추는 것도 오히려 심장질환 위험

성을 증가시킬 수 있다는 것을 보여준다.

82 St-Pierre, V., Vandenberghe, C., Lowry, C., Fortier, M., Castellano, C., Wagner, R., & Cunnane, S. (2019). Plasma Ketone and Medium Chain Fatty Acid Response in Humans Consuming Different Medium Chain Triglycerides During a Metabolic Study Day. Frontiers in Nutrition. 포화지방 중에서도 중쇄지방산(MCT)에 해당하는 C8(카프릴산), C10(카프르산)이 케톤체 생성에 가장 유리하다.

83 참고로 세계은행(2020)의 조사에 따르면 세계 평균수명 순위 1위는 홍콩, 2위는 일본, 한국은 5위이다. 특히 홍콩의 경우 1인당 육류소비량 또한 세계 1위인데, 이는 우연의 일치가 아니다. 일본은 육류 섭취량은 그렇게 높은 편은 아니지만, 어류와 해산물의 섭취량이 육류를 능가할 만큼 많다. 한국은 90년대부터 고기의 섭취량이 폭발적으로 증가하였고, 또한 기대수명이 급격하게 증가하였는데, 80년대 남녀평균 기대수명이 고작 66.1세에 불과하던 것이 2020년 기준으로는 83.6세에 육박한다. (통계청) 당장 체감해보고 싶다면 구글에 '90년대 20대'라고 검색해보면 납득이 갈 것이다.

84 아직까지는 연구개발 단계 수준에 있기 때문에 상업적 경쟁력은 부족하고, 실제 고기의 마블링과 같은 복잡한 지방층의 구조 재현이 힘들기 때문에 맛과 질감 구현이 어렵다고 한다.

85 Perlman, R. K., & Rosner, M. (1994). "Identification of zinc ligands of the insulin-degrading enzyme."

86 Wright, A., Kontopantelis, E., Emsley, R., Buchan, I., Sattar, N., Rutter, M., & Ashcroft, D. (2016). "Life Expectancy and Cause-Specific Mortality in Type 2 Diabetes: A Population-Based Cohort Study Quantifying Relationships in Ethnic Subgroups." Diabetes Care, 40, 338-345. 인종에 따라 차이는 있지만 영국 백인 남성의 경우 기대 수명이 5년, 백인 여성의 경우 6년 정도 감소한다고 한다.

87 Jacob, R. J., Fan, X., Evans, M. L., Dziura, J., & Sherwin, R. S. (2002). "Brain glucose levels are elevated in chronically hyperglycemic diabetic rats: no evidence for protective adaptation by the blood brain barrier." Metabolism: clinical and experimental, 51(12), 1522-1524. 고혈당 상태는 신경계통의 손상뿐만 아니라 뇌기능에도 손상을 일으킨다. 그렇다면, 우리 몸에서는 고혈당 상태를 일종의 중독 상태라고 인지하지 않을까? 아마 중독된 상태를 다시 해독

(혈당을 낮춤)하려면 두 가지 방법밖에는 없을 것이다. 강제로 근육 운동을 하여 즉시 피의 혈당을 소모시켜 버리든지, 아니면 인슐린을 쥐어 짜내든지.

88   Tsiani, E., Tsiani, E., Fantus, I. G., & Fantus, I. G. (1997). "Vanadium Compounds Biological Actions and Potential as Pharmacological Agents." 해당 논문은 바나듐 화합물이 2형 당뇨에서 인슐린 감수성을 향상시키고 당뇨병 치료제로 유용성이 있음을 보여준다. Poucheret, P., Verma, S., Grynpas, M., & McNeill, J. (1998). "Vanadium and diabetes." 스트렙토조토신(STZ)은 췌장의 베타세포를 파괴시켜 인위적으로 1형 당뇨와 비슷한 환경을 조성하는 물질로, 놀랍게도 이것을 사용한 실험에서도 바나듐의 혈당 강하작용이 확인되었다.

89   K. Şahin, M. Onderci, M. Tuzcu, B. Ustundag, G. Cikim, I. Ozercan, V. Sriramoju, V. Juturu, J. Komorowski. (2007). Effect of chromium on carbohydrate and lipid metabolism in a rat model of type 2 diabetes mellitus: the fat-fed, streptozotocin-treated rat. Metabolism: clinical and experimental, 56(9), 1233-1240.

       I. San Mauro-Martín, A. Ruiz-León, M. Camina-Martín, E. Garicano-Vilar, L. Collado-Yurrita, Beatriz de Mateo-Silleras, M. P. Redondo Del Río. (2016). Chromium supplementation in patients with type 2 diabetes and high risk of type 2 diabetes: a meta-analysis of randomized controlled trials.

90   참고로 설탕의 혈당지수가 60인데, 말티톨 시럽은 52, 말티톨 가루는 35로 말티톨은 사실상 감미료라고 보기 힘든 수준이다. 특히나 제로 과자 등에 '당알콜'이라는 이름으로 첨가되는 경우가 많은데, 과자 자체의 밀가루 탄수화물도 포함되어있기 때문에 실제로 먹어보면 혈당이 상당히 올라간다. 당뇨환자는 주의할 것. 그래서 오해를 불러일으킬 만한 설탕, 당류 제로 이런 내용으로 표지가 적힌 것을 보면 개인적으로 상당히 짜증이 난다.

91   Department of Health and Human Services (1994). "Adverse reactions associated with aspartame accounting for 75% of all adverse reactions in the FDA's monitoring system." [Report]. Retrieved from Sensitive Foods

92   Humphries, P., Pretorius, E., & Naudé, H. (2008). "Direct and indirect cellular effects of aspartame on the brain." European Journal of Clinical Nutrition, 62, 451-462.

93   Lindseth, G. N., Coolahan, S. E., Petros, T. V., & Lindseth, P. D. (2014). "Neurobehavioral effects of aspartame consumption." Research in Nursing & Health,

37(3), 185-193.

94 Witkowski, M., Nemet, I., Alamri, H. et al. (2023). "The artificial sweetener erythritol and cardiovascular event risk." Nat Med, 29, 710-718.

95 Flint, N., Hamburg, N., Decock, P., Bosscher, D., & Vita, J. (2013). "Effects of Erythritol on Endothelial Function in People with Type 2 Diabetes Mellitus." Arteriosclerosis, Thrombosis, and Vascular Biology.

96 Knapen, M., Schurgers, L., & Vermeer, C. (2007). "Vitamin K2 supplementation improves hip bone geometry and bone strength indices in postmenopausal women." Osteoporosis International, 18, 963-972. 연구 결과에 따르면, 325명의 폐경기 여성을 대상으로 한 3년간 매일 45mg의 비타민 K2 보충은 골밀도 유지 와 뼈 강도 지표를 개선하는데 두움이 되었다.

97 Merra, G., Dominici, F., Gualtieri, P., Capacci, A., Cenname, G., Esposito, E., Dri, M., Di Renzo, L., & Marchetti, M. (2022). "Role of vitamin K2 in bone-vascular crosstalk." International Journal for Vitamin and Nutrition Research. 해당 논문은 비타민 K2가 칼슘을 뼈에 올바르게 침착시키고, 칼슘이 혈관벽에 축적되는 것을 방지시키는 데 있어 중요한 역할을 한다고 설명하고 있다.

98 아마 본인은 그것이 최선을 다한 것일 수도 있다.

99 식용유 성분 비교표 자료의 출처는 위키백과(https://ko.wikipedia.org/wiki/%EC%8B%9D%EC%9A%A9%EC%9C%A0)로 지방산 조성비는 원료나 제조사의 정제 방식에 따라 약간씩 오차가 있을 수 있으므로, 참고 바람.

100 그래서 오메가3가 매우 풍부한 들기름은 굽거나 튀기는 용도의 식용유로 쓰지 못하는 것이다.

101 닭기름은 대략 포화지방 35%, 올레산(오메가9) 35%, 리놀레산(오메가6) 25%, 의 지방산 조성비를 갖는다. 물론 닭 모이의 종류와 사육 환경에 따라 개체별로 닭기름의 지방산 조성비는 꽤나 큰 차이가 날 수 있다.

102 오메가3 함량이 타 식용유 대비 높아서 때문인 것으로 보이고, 들기름도 비슷한 이유로 고온에서 조리 시 순식간에 기름이 산패되어 유해하다. 참고로 생들기름은 오메가3 함량이 60%가 넘어간다.

103 A. Simopoulos. (2006). "Evolutionary aspects of diet, the omega-6/omega-3 ratio and genetic variation: nutritional implications for chronic diseases." Biomedicine & pharmacotherapy = Biomedecine & pharmacotherapie, 60(9), 502-7. 앞서도 언급했지만 현대인들의 오메가6 대 3의 비율은 무려 16.7:1까지

치솟았다고 한다.

104 사실 나는 충분한 포화지방 섭취를 위해 식용유로 MCT오일도 적극적으로 활용하고 있다.

105 통상 80% 이상.

106 앞서 '먹는 순서부터 바꿔라' 장에서 언급한 바와 같이, 이는 식이섬유가 탄수화물의 급격한 소화 흡수를 방해하여 혈당을 천천히 오르게 하는 것으로 보인다.

107 Malav S Trivedi, Yiting Zhang, Miguel A Lopez-Toledano, A. Clarke, R. Deth. (2016). "Differential neurogenic effects of casein-derived opioid peptides on neuronal stem cells: implications for redox-based epigenetic changes." 위 연구에서는 식품 유래 펩타이드인 β-카소모르핀(BCM7)이 소화기계 및 혈뇌장벽(BBB)을 통과할 수 있으며, 신경 장애 및 염증 반응 등을 유발할 수 있다고 언급한다.

108 Saenz, Aaron. (2011년 5월 3일). "Kurzweil: 3 Supplements To Let You Live Until The Singularity (video)", Singularity Hub, https://singularityhub.com/2011/05/03/kurzweil-3-supplements-to-let-you-live-until-the-singularity-video/

109 레이 커즈와일은 저서 《영원히 사는 법》에서 10살 어린이의 세포막은 90%가 포스파티딜콜린으로 구성되어있는데, 중년이 되면 세포막의 포스파티딜콜린 비중은 10% 정도로 떨어진다고 언급하였다. Kurzweil, R. (2009). Transcend: Nine Steps to Living Well Forever. Rodale Books, p. 28.

110 Tsung-Ho Ying, Chia-Wei Chen, Y. Hsiao, Sung-Jen Hung, Jing-Gung Chung, Jen-Hung Yang. (2013). "Citric acid induces cell-cycle arrest and apoptosis of human immortalized keratinocyte cell line (HaCaT) via caspase- and mitochondrial-dependent signaling pathways."

111 일반적인 콜라겐의 분자량은 3,000~300,000달톤으로 매우 다양하고, 높은 분자량을 가진다.

112 Mari Watanabe-Kamiyama, M. Shimizu, S. Kamiyama, Y. Taguchi, H. Sone, F. Morimatsu, H. Shirakawa, Y. Furukawa, & M. Komai. (2010). "Absorption and effectiveness of orally administered low molecular weight collagen hydrolysate in rats." Journal of agricultural and food chemistry, 58(2), 835-841. 이 수준의 저분자 콜라겐은 펩타이드 형태로 직접 흡수될 수 있음이 동물 실험으로 확인되었다. 그러므로 500달톤 이하의 저분자 콜라겐 섭취는 직접적으로 피부와 뼈 건강에 유익할 수 있다고 본다.

113 A. Meijer & P. Codogno. (2011). "Autophagy: Regulation by energy sensing." Current Biology, 21, R227-R229. 단백질 섭취가 오토파지 기능을 억제한다는 구체적인 증거는 제한적이지만, 체내 아미노산 수준이 증가하면 mTOR 신호 경로가 활성화되어 오토파지가 억제될 수 있다.

114 주변에 물어보았을 때 맛은 일반 시중커피에 비해 떨어진다는 평가를 받았다.

115 키토제닉이란 다이어트나 케톤체 생성을 유도하기 위해 탄수화물은 줄이고, 적절한 단백질, 고지방식을 섭취하는 식이를 말한다.

116 그런데 이처럼 고함량의 카카오매스를 사용하는 초콜릿바는 높은 함량의 카페인을 포함하고 있는데, 카카오 88%의 45g 초콜릿바에는 대략 90mg정도의 카페인이 함유되어 있다. 그래서 나는 최대한 카페인의 부작용을 상쇄시키기 위해 가급적 밤에는 섭취를 피하고, 낮에 섭취하더라도 고함량의 테아닌이 포함된 아포칼립스 퓨리(부스터) 제품과 같이 섭취하고 있다. 참고로 커피믹스 한 봉지의 카페인 함량은 평균 50mg, 핫식스 60mg, 레드불 62.5mg, 레쓰비 작은 캔 74mg, 시중의 톨사이즈(355ml) 카페라떼나 아메리카노가 평균 160mg 정도임을 고려할 때 이는 결코 작은 양이라고 볼 수는 없다.

117 M. I. Haq, R. Kapila, & Vamshi Saliganti. (2014). "Consumption of β-caso-morphins-7/5 induce inflammatory immune response in mice gut through Th2 pathway." Journal of Functional Foods, 8, 150-160.

118 짭짤한 버터가 더 맛있고, 약간이나마 나트륨을 더 섭취할 수 있기 때문에 나는 가염을 섭취한다.

119 F. Subhan, Z. Hashemi, M. C. A. Herrera, K. D. Turner, S. Windeler, M. Gänzle, & C. B. Chan. (2020). "Ingestion of isomalto-oligosaccharides stim-ulates insulin and incretin hormone secretion in healthy adults." Journal of Functional Foods, 65, 103730. 해당 논문은 이소말토 올리고당의 식후 혈당 효과가 낮다는 가설을 세웠음에도, 포도당과 유사한 수준의 식후 혈당을 변화를 일으켰다고 언급하고 있다.

120 A. Devi, M. Levin, & A.L. Waterhouse. (2023). "Inhibition of ALDH2 by quercetin glucuronide suggests a new hypothesis to explain red wine head-aches." Scientific Reports, 13, 19503. 그런데 개인적으로는 메탄올의 영향이 더 크지 않을까 생각해본다.

121 최근에는 아스파탐을 사용하지 않고 전통 방식으로 제조하여 고급스러운 맛을 내는 생막걸리 제품들도 많이 출시되고 있다.

122 그 외 알코올이 혈관 확장 작용을 해서 혈액 순환이 일시적으로 좋아져서 그런 것이라는 추측, 또는 알코올탈수소화효소의 작용 때문이라는 추측, 혹은 여러 복합 작용이라는 이유 등 여러가지 추측이 있는데 이 부분에 대해 사실 구체적인 이유는 알 수 없다.

123 R. A. Frake & D. C. Rubinsztein. (2016). "Yoshinori Ohsumi's Nobel Prize for Mechanisms of Autophagy: From Basic Yeast Biology to Therapeutic Potential." Journal of the Royal College of Physicians of Edinburgh, 46, 228-233. 이 논문은 오스미 교수의 노벨상 수상 연구를 상세히 설명하고 있으며, 자가포식의 기본 생물학부터 임상적 응용에 이르기까지 그 의미를 조명하고 있다. 오스미 교수의 효모를 통한 자가포식 연구는 1992년부터 시작되었다. Yoshinori Ohsumi. (1992). "Molecular dissection of autophagy: two ubiquitin-like systems." Nature Cell Biology, 1, 5-12.

124 Hatori M, Vollmers C, Zarrinpar A, DiTacchio L, Bushong EA, Gill S, Leblanc M, Chaix A, Joens M, Fitzpatrick JA, Ellisman MH, Panda S. (2012). "Time-restricted feeding without reducing caloric intake prevents metabolic diseases in mice fed a high-fat diet." Cell Metabolism, 15(6), 848-860. 최대 6주간 쥐를 대상으로 한 동물 실험 결과이다. Michael J. Wilkinson, Emily N. C. Manoogian, Adena Zadourian, Hannah C. Lo, Savannah Fakhouri, Azarin Shoghi, Xinran Wang, J. G. Fleischer, S. Navlakha, Satchidananda Panda, P. Taub. (2019). "Ten-Hour Time-Restricted Eating Reduces Weight, Blood Pressure, and Atherogenic Lipids in Patients with Metabolic Syndrome." Cell Metabolism. 인간을 대상으로 한 실험에서도 유사한 결과를 도출하였다.

125 Brown, A. M., & Ransom, B. R. (2007). Astrocyte glycogen and brain energy metabolism. Glia, 55, 1263-1271.
Jensen, N., Wodschow, H. Z., Nilsson, M., & Rungby, J. (2020). Effects of Ketone Bodies on Brain Metabolism and Function in Neurodegenerative Diseases. International Journal of Molecular Sciences, 21(22). 뇌 에너지 대사가 어떤 방식으로 이루어지는가에 대한 논문들이다.

126 J. Volek, M. Sharman, A. Gómez, T. Scheett, & W. Kraemer. (2003). "An isoenergetic very low carbohydrate diet improves serum HDL cholesterol and triacylglycerol concentrations, the total cholesterol to HDL cholesterol ratio and postprandial pipemic responses compared with a low fat diet in normal

weight, normolipidemic women." The Journal of Nutrition, 133(9), 2756-2761.

127 Sang-Wook Yi, Sang Joon An, Hyung Bok Park, Jee-Jeon Yi, Heechoul Ohrr. (2022). "Association between low-density lipoprotein cholesterol and cardiovascular mortality in statin non-users: a prospective cohort study in 14.9 million Korean adults." International Journal of Epidemiology, 51(4), 1178-1189. 최신 대규모 국내 연구로서 장장 9년간 1,490만 명의 '비스타틴 사용자'를 추적조사 하였다. 직접 그래프를 확인해보면 알겠지만 LDL수치가 90 밑으로 떨어지면 오히려 심장질환 위험성이 올라가는 U자, 내지는 J커브 형태로 심장질환 연관성을 보여주고 있으며, 최적수치는 90~150정도로, 200까지는 Harzard Ratio는 그다지 크게 증가하지 않고 60과 동급의 위험률을 보여준다. 따라서 LDL수치를 너무 낮추는 것은 오히려 심장질환 위험성을 증가시킬 수 있다는 것을 보여준다 이 내용은 앞서 '콜레스테롤에 대한 오해' 장에서도 언급하였다.

128 Klempfner, R., Erez, A., Ben-Zekry, S., Goldenberg, I., Fisman, E., Kopel, E., Shlomo, N., Israel, A., & Tenenbaum, A. (2016). "Long-term mortality and triglyceride levels in patients with cardiovascular disease." American Heart Association Journal 관상동맥질환자 15,355명을 대상으로한 22년간의 코호트 연구로, 중성지방수치 그룹을 ① 낮은정상(100mg/dl미만), ② 일반정상(100~149mg/dl), ③ 경계선 고중성지방혈증(150~199mg/dl), ④ 중등도 고중성지방혈증(200~499mg/dl), ⑤ 중증 고중성지방혈증(500mg/dl이상) 5개로 나누어 심혈관질환 발생율과 생존률을 분석해보니 ①, ②, ③, ④, ⑤ 순으로 심혈관질환 발생율과 생존률이 높은 것으로 나타났으며, 같은 정상그룹 내에서도 낮은정상이 가장 좋은 수치를 기록했다. 특히 중성지방 200mg/dl부터는 심혈관질환 발생율이 급증하니 주의해야 한다. Hokanson, J., & Austin, M. (1996). Plasma Triglyceride Level is a Risk Factor for Cardiovascular Disease Independent of High-Density Lipoprotein Cholesterol Level: A Metaanalysis of Population-Based Prospective Studies. European Journal of Cardiovascular Prevention & Rehabilitation, 3, 213-219. 관상동맥질환이 없더라도, 독립적인 인자로서 중성지방 수치와 심혈관질환 발병률의 연관성을 평가하고 있는 메타분석연구이다. 남자건 여자건 중성지방수치가 상대적으로 높은 그룹이 심혈관질환에 걸릴 확률이 높다는 것을 알 수 있다. 중성지방 수치는 일반적인 식사나 탄수화물을 섭취하면 금방 증가하기 때문에 독자적으로 중성지방 수치'만' 너무 낮아서 생기는 질병이나 위험성에 관한 연구는 거의 없거나 제한적

이다. 하지만 중성지방 수치 하나만 500mg/dl이 넘어가도 급성 췌장염의 위험이 매우 높아진다.

129　Bittner, V., Johnson, B., Zineh, I., Rogers, W., Vido, D., Marroquin, O., Bairey-Merz, C., & Sopko, G. (2009). The triglyceride/high-density lipoprotein cholesterol ratio predicts all-cause mortality in women with suspected myocardial ischemia: a report from the Women's Ischemia Syndrome Evaluation (WISE). American Heart Journal, 157(3), 548-555.

Hadaegh, F., Khalili, D., Ghasemi, A., Tohidi, M., Sheikholeslami, F., & Azizi, F. (2009). Triglyceride/HDL-cholesterol ratio is an independent predictor for coronary heart disease in a population of Iranian men. Nutrition, Metabolism, and Cardiovascular Diseases, 19(6), 401-408.
위 두 가지 논문은 차후의 심혈관질환 발생율을 예측할 수 있는 강력한 지표로써 TG/HDL-C 비율이 얼마나 중요한지 것인지를 보여준다. 특히 두 번째 논문은 40세 이상의 이란인 남성 1824명을 2년 6개월간 추적조사 한 연구인데, TG/HDL-C 비율이 2.8이하인 사람들은 차후 심혈관질환 유병율이 3.0%인데 반해, TG/HDL-C비율이 6.9 이상인 사람들은 63.6%라는, 무려 20배가 넘는 차이를 보여주고 있다는 것이다. 그래서 LDL 수치 하나에 자꾸 초점을 둘 게 아니라, 어떻게 하면 더 중성지방을 낮추고 HDL수치를 증가시킬 것인지가 더 중요하며, 그것을 먼저 고민해봐야 한다는 것이다.

130　Auer, J., Sinzinger, H., Franklin, B., & Berent, R. (2016). Muscle- and skeletal-related side-effects of statins: tip of the iceberg? European Journal of Preventive Cardiology, 23, 110-88.

Attardo, S., Musumeci, O., Velardo, D., & Toscano, A. (2022). Statins Neuromuscular Adverse Effects. International Journal of Molecular Sciences, 23.
스타틴의 근육 및 신경근 부작용은 단순히 노시보효과가 아니다. 스타틴의 골격근에 대한 부작용은 복용하는 환자의 5~10%에서 발생한다.

131　Do, H. T., Bruelle, C., Pham, D., Jauhiainen, M., Eriksson, O., Korhonen, L., & Lindholm, D. (2016). "Nerve growth factor (NGF) and pro-NGF increase low-density lipoprotein (LDL) receptors in neuronal cells partly by different mechanisms: role of LDL in neurite outgrowth." Journal of Neurochemistry, 136.
이 연구는 LDL 콜레스테롤과 그 수용체가 뇌세포, 특히 뉴런의 성장과 발달에 중요한 구성 요소로 작용할 수 있음을 보여준다.

132 미국 FDA는 스타틴 사용과 관련하여 기억력 손상 및 혼란이 발생할 수 있다는 내용을 경고 라벨에 추가하였다. 그러면서 이러한 부작용은 일반적으로 심각하지 않으며 스타틴 사용을 중단하면 회복된다는 내용도 함께 표기하였다.

133 Wang, W., Zhang, L., Xia, K., Huang, T., & Fan, D. (2023). "Mendelian Randomization Analysis Reveals Statins Potentially Increase Amyotrophic Lateral Sclerosis Risk Independent of Peripheral Cholesterol-Lowering Effects." Biomedicines.

134 Levine, B., & Kroemer, G. (2008). "Autophagy in the Pathogenesis of Disease." Cell, 132(1), 27-42. 자가포식(오토파지)은 다양한 병리로부터 유기체를 보호하는 데 중요한 역할을 하지만, 특정 조건의 질병 환경에서 해로울 수 있음을 설명하는 논문이며, 자가포식 활성화의 증가, 감소라는 표현을 사용하고 있다.

135 Livingstone, S., Levin, D., Looker, H., Lindsay, R., Wild, S., Joss, N., ⋯ & Colhoun, H. (2015). "Estimated life expectancy in a Scottish cohort with type 1 diabetes, 2008-2010." JAMA, 313(1), 37-44. 1형 당뇨는 기대 수명을 약 8년 정도 줄일 수 있으며, Wright, A., Kontopantelis, E., Emsley, R., Buchan, I., Sattar, N., Rutter, M., & Ashcroft, D. (2016). "Life Expectancy and Cause-Specific Mortality in Type 2 Diabetes: A Population-Based Cohort Study Quantifying Relationships in Ethnic Subgroups." Diabetes Care, 40, 338-345. 2형 당뇨는 기대 수명을 약 5년 정도 줄일 수 있다는 논문이다.

136 아나볼릭 스테로이드 약물 사용을 제외한다면 말이다.

137 Mitchell, L., Slater, G., Hackett, D., Johnson, N., & O'Connor, H. (2018). "Physiological implications of preparing for a natural male bodybuilding competition." European Journal of Sport Science, 18, 619-629. 비시즌기 대비 총 테스토스테론의 경우 대략 1.6배, 유리 테스토스테론의 경우 대략 2배 가량 감소한다.

138 Roig, M., Nordbrandt, S., Geertsen, S. S., & Nielsen, J. B. (2013). "The effects of cardiovascular exercise on human memory: A review with meta-analysis." Neuroscience & Biobehavioral Reviews, 37, 1645-1666.

139 Laukkanen, J., Laukkanen, T., & Kunutsor, S. (2018). "Cardiovascular and Other Health Benefits of Sauna Bathing: A Review of the Evidence." Mayo Clinic Proceedings, 93(8), 1111-1121. 뿐만 아니라 사우나는 면역 기능, 그리고 신경인지 질환의 위험 감소와 같은 다양한 건강상 이점을 제공한다.

140 참고로 인바디는 1996년에 설립된 국내 의료기기 회사이다.

141 Peters, E., Anderson, R., Nieman, D. C., Fickl, H., & Jogessar, V. (2001). "Vitamin C supplementation attenuates the increases in circulating cortisol, adrenaline and anti-inflammatory polypeptides following ultramarathon running." International Journal of Sports Medicine, 22(7), 537-543.

142 Chatterjee, I. B., Majumder, A. K., Nandi, B. K., & Subramanian, N. (1975). "Synthesis and some major functions of vitamin C in animals." Annals of the New York Academy of Sciences, 258, 24-47. 해당 논문은 대부분의 동물이 스트레스 상황에서 비타민C 합성을 크게 증가시키며, 특히 염소와 같은 동물은 스트레스 상황에서 비타민 C 합성량이 최대 5배까지 증가할 수 있음을 보여준다.

143 겹겹이 쌓인 각질층과 인지질로 구성된 피부는 각종 병원균이나 바이러스도 쉽게 침투할 수 없는 강력한 물리적 장벽이라 할 수 있다. 그런데 이것을 화장품 성분이 쉽게 뚫을 수 있을 리 없다. 콜라겐을 비롯한 일반적인 화장품 성분들은 피부에 도포하여도 땀샘과 모공을 통해 매우 소량만이 흡수된다고 알려져있다.

144 그래서 MTS(Microneedle Therapy System)라는 것이 존재한다. 이것은 다음 장에서 다룬다.

145 안정준. (2022년 11월 7일). "탈모인 울린 샴푸… '탈모 치료·모발 성장' 다 거짓말이었다." 머니투데이. https://news.mt.co.kr/mtview.php?no=2022110713480248030

146 Mutlu, G., Green, D., Bellmeyer, A., Baker, C., Burgess, Z., Rajamannan, N., Christman, J., Foiles, N., Kamp, D., Ghio, A., Chandel, N., Dean, D., & Sznajder, J. (2007). "Ambient particulate matter accelerates coagulation via an IL-6-dependent pathway." The Journal of Clinical Investigation, 117(10), 2952-2961.

147 Li, T., Hu, R., Chen, Z., Li, Q., Huang, S., Zhu, Z., … & Zhou, L. (2018). "Fine particulate matter (PM2.5): The culprit for chronic lung diseases in China." Chronic Diseases and Translational Medicine, 4, 176-186.

148 입자제거효율 E10: 85% 이상, E11: 95% 이상, E12: 99.5% 이상.

149 입자제거효율(0.3마이크로미터 크기의 입자) H13: 99.95% 이상, H14: 99.995% 이상.

150 입자제거효율(0.1~0.3마이크로미터 크기의 입자) U15: 99.9995% 이상, U16: 99.99995% 이상 이 수준은 반도체 제조장이나 민감한 연구실에서나 사용하는

필터이다.

151 Wolkoff, P., Azuma, K., & Carrer, P. (2021). "Health, work performance, and risk of infection in office-like environments: The role of indoor temperature, air humidity, and ventilation." International Journal of Hygiene and Environmental Health, 233, 113709.

152 Trinder, J., Armstrong, S., O'Brien, C., Luke, D., & Martin, M. (1996). "Inhibition of melatonin secretion onset by low levels of illumination." Journal of Sleep Research, 5, 11-16. 빛이 강할수록 멜라토닌 생성은 억제되며, 심지어 저조도의 빛(250 lux 이하)에서 조차 멜라토닌 분비가 억제될 수 있으므로 건강한 수면을 위해서는 가급적 어두운 환경에서 수면을 취하는 것이 중요하다.

153 Clocchiatti-Tuozzo, S., Rivier, C., Renedo, D., Torres Lopez, V. M., Geer, J., Miner, B., Yaggi, H., de Havenon, A. D., Payabvash, S., Sheth, K. N., Gill, T. M., & Falcone, G. (2023). "Suboptimal Sleep Duration Is Associated With Poorer Neuroimaging Brain Health Profiles in Middle-Aged Individuals Without Stroke or Dementia." Journal of the American Heart Association.

154 Cappuccio, F. P., Cooper, D., D'elia, L., Strazzullo, P., & Miller, M. A. (2011). "Sleep duration predicts cardiovascular outcomes: a systematic review and meta-analysis of prospective studies." European Heart Journal, 32(12), 1484-1492.

155 Shan, Z., Ma, H., Xie, M., Yan, P., Guo, Y., Bao, W., Rong, Y., Jackson, C., Hu, F., & Liu, L. (2015). "Sleep Duration and Risk of Type 2 Diabetes: A Meta-analysis of Prospective Studies." Diabetes Care, 38, 529-537. 수면 시간과 제2형 당뇨병의 위험에 대해 48만 명을 대상으로 11개의 보고서를 메타 분석한 논문으로, 수면시간이 비정상적으로 짧거나 길면 제2형 당뇨 위험이 증가할 수 있다는 내용이다. 전형적인 U자 형태의 그래프를 보여주며, 수면시간이 7~8시간일 때 상대 위험이 가장 감소함을 확인할 수 있다.

156 Rupp, T. L., Wesensten, N. J., Bliese, P. D., & Balkin, T. J. (2009). "Banking sleep: realization of benefits during subsequent sleep restriction and recovery." Sleep, 32(3), 311-321. 해당 연구에서는 수면 시간을 미리 저장해두었을 때, 수면 부족 기간 동안의 경계성과 작업 수행능력의 손상 정도를 줄일 수 있으며, 회복 수면의 효과도 더 빠르게 가져올 수 있음을 보여준다. 이는 전날 충분히 잠을 자두었다면, 다음 날에는 적게 자더라도 하루 이틀 정도는 수면 부족의 영향을 덜 받을 수 있다는 것을 시사한다.

157 포름알데히드는 메탄올이 1차 산화되어 만들어진다.

158 Nakano, H., Ikeda, T., Hayashi, M., Ohshima, E., & Onizuka, A. (2003). "Effects of body position on snoring in apneic and nonapneic snorers." Sleep, 26(2), 169-172.

159 Bhattacharya, S., Patel, K., Dehari, D., Agrawal, A., & Singh, S. (2019). "Melatonin and its ubiquitous anticancer effects." Molecular and Cellular Biochemistry, 462, 133-155.

160 Jahnke, G., Marr, M., Myers, C., Wilson, R., Travlos, G., & Price, C. J. (1999). "Maternal and developmental toxicity evaluation of melatonin administered orally to pregnant Sprague-Dawley rats." Toxicological Sciences, 50(2), 271-279.

161 Abdou, A., Higashiguchi, S., Horie, K., Kim, M., Hatta, H., & Yokogoshi, H. (2006). "Relaxation and immunity enhancement effects of γ-Aminobutyric acid (GABA) administration in humans." BioFactors, 26, 201-208.

162 Hathaway, J. T., Shah, M. P., Hathaway, D. B., et al. (2024). "Risk of Nonarteritic Anterior Ischemic Optic Neuropathy in Patients Prescribed Semaglutide." JAMA Ophthalmology, Published online July 03, 2024. doi:10.1001/jamaophthalmol.2024.2296. 해당 연구는 위고비와 같이 세마글루타이드 약물을 사용하는 환자 1만 7천여 명을 대상으로 조사한 것인데, 희귀 안질환인 비동맥성 전방 허혈성 시신경병증(NAION) 발생 위험이 3배 이상 증가한 것을 발견하였다고 한다. 이는 세마글루타이드가 시신경의 혈류를 저해하거나 시신경에 직접적인 영향을 주었을 가능성을 보여주며, 다만 아직까지는 인과관계를 확인하기 위해 추가적인 연구가 더 필요하다고 한다. 참고로 해당 질환은 시신경에 혈액을 공급하는 동맥이 막히는 질환으로, 발병시 실명될 수 있으며 치료법은 아직 없다고 한다.

163 Balić, A., Vlašić, D., Žužul, K., Marinovic, B., & Bukvić Mokos, Z. (2020). "Omega-3 Versus Omega-6 Polyunsaturated Fatty Acids in the Prevention and Treatment of Inflammatory Skin Diseases." International Journal of Molecular Sciences, 21(3)

164 Bala, H., Lee, S., Wong, C. C., Pandya, A., & Rodrigues, M. (2018). "Oral Tranexamic Acid for the Treatment of Melasma: A Review." Dermatologic Surgery, 44, 814-825. 경구용 트라넥삼산(TXA), 즉 도란사민 복용은 특히 아시아인 피부의 난치성 기미에 안전하고 효과적인 치료법으로, 부작용이 거의 없거나 경미하다고 한다.

165 Fung, A., & Hsieh, P. (2000). "Treatment for hair loss." Medizinische Monats-schrift fur Pharmazeuten, 23(6), 177-179.

166 프로페시아의 약물 반감기는 5~6시간이고, 5α-환원효소 Type2를 억제하며 주로 두피와 전립선에서 DHT농도를 낮춰 탈모와 전립선 비대증을 억제할 수 있다.

167 아보다트의 약물 반감기는 약 5주이며, 5α-환원효소 Type1과 Type2를 모두 억제한다. 두피와 전립선뿐만 아니라 더 넓은 조직에서 DHT농도를 감소시키며 탈모와 전립선 비대증을 더 강하게 억제할 수 있다.

168 Messenger, A. G., & Rundegren, J. (2004). "Minoxidil: mechanisms of action on hair growth". British Journal of Dermatology, 150, 571-579. 그러나 아직까지 미녹시딜이 모발성장을 자극하는 정확한 작용 메커니즘은 밝혀지지 않았다.

169 최후의 방법으로 두피 문신이라는 것이 있기는 하다.

170 Dressler, D., & Adib Saberi, F. (2005). "Botulinum toxin: mechanisms of action." European Neurology, 53(3), 3-9. 위 논문은 보툴리눔 독소의 분자적 작용 기전을 다루며, 신경 말단에 보툴리눔 독소가 어떤 방식으로 결합하여 아세틸콜린 분비를 차단하는지에 대해 다룬다.

171 Dressler, D. (2002). "Clinical applications of botulinum toxin." Current Opinion in Microbiology, 5(1), 92-96. 해당 논문은 보툴리눔 독소의 임상 적용과 내성 문제에 대해 다루고 있으며, 적절한 주기와 용량을 준수하면 내성 발생 가능성이 낮다는 결론을 제시하고 있다.

172 그렇지만 조금이라도 더 검증된 좋은 결과를 얻고자 비용을 더 지불할 수 있다면, 그렇게 한다고 해도 무방하다.

173 우리가 일반적으로 생각할 때 피부 표면층만 당겨올리면 리프팅이 될 것이라고 생각하지만, 그것은 지탱하는 힘이 약해 일시적인 효과가 있을 뿐, 좀 더 아래쪽에 있는 질긴 근막(SMAS)층이 움직이지 않으면 진정한 리프팅의 효과를 볼 수 없다.

174 다만 레이저의 강도와 주기에 따라 붉어지거나 염증이 발생할 수 있다.

175 실제 나이와 생체 나이는 일치하지 않기 때문에 가능한 일이다.

176 오메가3 제품이 묶음으로 할인이 되거나 특가 할인이 있을 때에는 아이허브에서 구매할 때도 있다.